华东天荒坪抽水蓄能有限责任公司
发电 20 周年技术类系列丛书之五 | 1998-2018

抽水蓄能电站工器具
使用与管理

华东天荒坪抽水蓄能有限责任公司　组编

U0387319

中国电力出版社
CHINA ELECTRIC POWER PRESS

内 容 提 要

本书结合抽水蓄能电站多年工器具管理经验，对抽水蓄能电站日常运维工作中主要涉及的工器具进行举例，从种类、使用注意事项、管理注意事项以及配置建议方面对常用的工器具进行分析，给新投产电站提供参考依据；同时针对工器具管理中存在的问题阐述了智慧工器具管理系统，给各电站工器具管理提供方法。

本书适用于抽水蓄能电站运维人员使用，也可为常规水电站运维人员提供参考使用。

图书在版编目（CIP）数据

抽水蓄能电站工器具使用与管理／华东天荒坪抽水蓄能有限责任公司组编 .—北京：中国电力出版社，2018.12
ISBN 978-7-5198-2828-8

Ⅰ.①抽… Ⅱ.①华… Ⅲ.①抽水蓄能水电站－工具－管理 Ⅳ.① TV743

中国版本图书馆 CIP 数据核字（2018）第 300311 号

出版发行：中国电力出版社
地　　址：北京市东城区北京站西街 19 号（邮政编码 100005）
网　　址：http：//www.cepp.sgcc.com.cn
责任编辑：孙建英（010-63412369）　董艳蓉
责任校对：黄　蓓　朱丽芳
装帧设计：张俊霞
责任印制：吴　迪

印　　刷：北京博海升彩色印刷有限公司
版　　次：2018 年 12 月第一版
印　　次：2018 年 12 月北京第一次印刷
开　　本：880 毫米 ×1230 毫米 32 开本
印　　张：5.125
字　　数：114 千字
印　　数：0001—3000 册
定　　价：45.00 元

编 委 会

前言
preface

近年来，我国风电、太阳能等新兴能源被大规模开发利用，特高压电网建设不断完善，跨区域大容量送电已成为部分地区电能的重要来源之一，为确保电网安全稳定运行，对电网的智能化调节手段要求也越来越高。抽水蓄能电站具有启停方便、负荷调整灵敏等优势，被作为电网调峰调频、事故备用的主要手段，对电网的安全、经济、节能环保运行提供了重要的保障。我国抽水蓄能电站建设起步较晚，但发展速度快，预计到 2020 年我国抽水蓄能电站装机容量将达到 4000 万 kW，到 2025 年将达到 9000 万 kW。

我国抽水蓄能电站具有高水头、大容量、高转速等特点，在已投产加上在建的 60 余座电站中，装机容量在 100 万 kW 以上的有 45 座，设计水头在 300m 以上的有 42 座。针对抽水蓄能电站这些特点，对抽水蓄能机组的运行稳定性要求也越高，对检修质量的把控也更加严格。工器具的准备及正确使用作为检修工作中一个重要的环节，将直接影响到检修质量。今后几年将会有大量抽水蓄能电站由基建转运行，带来人才紧缺的同时，新投产电站在工器具种类及数量配置上没有一个参考的标准，都是在检修过程中不断摸索、缺啥买啥，在一定程度上影响了机组的安全稳定运行。

到目前为止，没有针对抽水蓄能电站检修相关的工器具参考书，本书结合天荒坪抽水蓄能电站 20 多年运行检修经验，对运行电站工器具配置提出了参考建议。本书第一章主要分析了当前工器具管理过程中存在的问题，并提出了工器具智能化管理的发展趋势；第二章主要结合电站多年工器具管理经验，对抽水蓄能电站日常运维工作中主要涉及的工器具进行举例，从种类、使用注意事项、管理注意事项以及配置建议方面对常用的工器具进行分析，给新投产电站提供参考依据；第三、四章主要针对工器具管理中存在的问题进行研究，开发出了智慧化工器具管理系统，并对该系统进行了详细的描述，给各电站工器具管理提供方法。

由于电气设备多委托外单位进行测试，一般电站不需要配置电器类的试验校验工器具，因此本书对此不进行描述。

由于作者水平有限，不妥之处在所难免，敬请读者批评指正。

编者

2018 年 12 月

目录
contents

前言

第一章　工器具及其管理的发展 / 001

　　第一节　抽水蓄能电站工器具的发展 / 001

　　第二节　抽水蓄能电站工器具管理的发展 / 002

　　第三节　抽水蓄能电站工器具管理系统的必要性 / 004

第二章　抽水蓄能电站工器具分类及配置 / 007

　　第一节　安全防护类 / 007

　　第二节　手工类工器具 / 026

　　第三节　电动、风动、液压工器具 / 080

　　第四节　起重工器具 / 095

　　第五节　测量工器具 / 105

　　第六节　专用和特殊类工器具 / 120

第三章　智慧工器具管理系统 / 123

　　第一节　工器具房 / 123

　　第二节　智慧工器具管理系统主要技术 / 126

第三节　智慧工器具管理系统硬件配置 / 132

第四节　智慧工器具管理系统软件 / 136

第五节　智慧工器具管理系统主要功能 / 138

第四章　工器具管理系统的发展方向 / 143

第一节　无人工具房 / 143

第二节　智能化借还 / 144

第三节　库存智能化 / 145

附录 A　防坠器使用方法与注意事项 / 146

附录 B　电焊机使用管理、责任制 / 147

附录 C　移动式电动工具安全使用规定 / 148

附录 D　液压扳手安全注意事项 / 151

参考文献 / 153

第一章

工器具及其管理的发展

第一节　抽水蓄能电站工器具的发展

国内抽水蓄能电站建设主要始于 20 世纪 80 年代，发展于 2000 年，2010 年之后进入了快速发展期，随着抽水蓄能电站增多，管理变得规范化，要求检修工作更加快捷高效，传统的工器具在检修作业中使用不方便影响了整个检修效率和质量，因此工作人员根据具体检修项目定制出了一系列专用的工器具，提高了检修质量，加快了检修进度。

抽水蓄能电站常用工器具的发展可以分为三个阶段，第一阶段为基础工器具应用、第二阶段为工器具的多样化发展、第三阶段为定制工器具的应用。

一、基础工器具应用

抽水蓄能电站常用的基础工器具主要是常规工器具，如扳手、螺丝刀之类。这类工器具使用简便、适用范围广，能够满足电站日常运维工作的需求。但是由于这类工器具制造的目的为了满足大多数工作场合的需求，因此在精度、效率上面会有所降低。但这一类工器具仍然是抽水蓄能电站最重要也是最常用的工器具。

二、工器具的多样化发展

正是由于基础工器具会在精度、效率上存在不足，因此随着运维人员在使用过程中意识到这些不足，在一些检修工序上寻找更加便捷的工器具替代，以此来提高检修质量及效率。如内六角扳手，最初可能只配置了最常见的 L 形内六角扳手，但是在一些狭小的空间内操作不方便等因素，就采用了棘轮内六角扳手。正是由于这类工器具的应用，检修质量及效率得到了提高。

三、定制工器具的应用

随着检修项目的增多，检修工期的缩短，给检修质量及效率带来了进一步的挑战。工作人员在一些复杂的工序上，通过对传统的工器具进行改进、升级，甚至根据具体的检修项目研制了特定的工器具；同时也会对经常进行的检修项目所用到的工器具放置在一起，在检修时即拿即用就可。通过这些工器具的使用，检修质量及效率得到了进一步的提高。

随着工业 4.0 时代的到来，工器具的更新换代越来越快，要将更多的新型工器具应用到检修工作，继续制造和发展各种特定的工器具来为检修工作服务。

第二节　抽水蓄能电站工器具管理的发展

根据工器具管理责任划分的不同，可以将抽水蓄能电站工器具管理分为个人管理、班组或部门管理、专人专库管理、智能化管理阶段。

一、个人管理阶段

早期抽水蓄能电站的工器具主要还是常规的手工工器具，那时的工器具由个人自己保管使用，工器具无法共享使用，遗失严重，电站无法对工器具进行监管，经常出现个人工器具配了数套，到了干活的时候还是没工器具用。

二、班组或部门管理阶段

随着技术的发展，以及电站维护人员对设备的熟悉，检修工作更加规范化、简单化，针对检修过程中涉及的设备拆装工艺的不同，对工器具的种类需求也更加多样化。早期的个人管理显然无法再满足需求，后来发展成了班组与个人共同管理的模式，在这种模式下，各类工器具的配置更加全面，重复购置的情况得到了缓解。但是随着检修工艺的进一步优化，对检修质量的要求更高，所配置的工器具种类和数量也越来越多，超出了班组管理能力，因此工器具照样丢失严重，损坏后没人维修保养，到用时要么找不到要么就是坏的无法使用，严重地影响了检修进度和检修质量。

三、专人专库管理阶段

随着各种工器具需求扩大，为方便全厂工器具的优化配置及管理，采取了专人专库管理，这种管理基本解决了工器具大量丢失的问题。但因为是手工登记，所以借还工作繁琐容易出错，存在工器具查询困难或根本无法查询等问题，只能做些简单的登记工作，对工器具管理人员的专业素养要求非常高，一旦发生人员变动，会在相当长的一段时间内，出现工器具管理混乱，造成有些工器具明明在库，但却无法找到，或是工器具缺少未及时补充等一系列情况，也妨碍了现场检修的进度。

四、智能化管理阶段

随着移动互联网和智能识别技术的发展，研究开发的工器具智慧管理系统，解决了工器具管理过程中的一系列问题，还把工器具管理提高到了智能化的程度，对每个工器具做到全生命周期监管，将工器具的维护保养、正确使用、安全试验、报损、资产管理等一系列工作纳入该系统管理。真正做到了智能化管理模式，每个人不需要花费大量精力去管工器具，又可以方便使用自己所需要的工器具，最重要的是提高每个借用工器具的人的责任心，在保证机组设备的安全性的同时，可以减少工器具的遗失问题。

第三节　抽水蓄能电站工器具管理系统的必要性

　　抽水蓄能电站机组检修种类较多，最初运维人员最关心和重视的是机组设备的本身，而工器具管理只是作为一个辅助工具的使用，并不被运维人员重视，大多数电站只是从如何防止工器具丢失去考虑工器具的管理，简单人为的手工登记借还，最终是无数本杂乱无章的登记本，根本无法查清的无数条记录，永远也扯不清楚的借还关系，最后只能不了了之处理，更不要说对工器具的全生命式的周期管理。现在工器具的管理已经越来越被大家重视，工器具的使用不光直接影响生产的经济效益，最重要的是直接影响机组设备和人员的健康安全，工器具管理不到位，可能会造成检修事故。每一位工作人员越来越懂得了"工欲善其事，必先利其器"的重要性了。要想在维修的时候能用到合格、齐备的工器具，必须要对其进行日常、合理的保养和管理。

一、工器具管理存在的问题
当前工器具管理中存在一系列问题框图如图 1-1 所示。

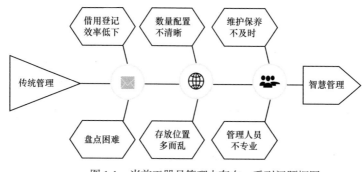

图1-1　当前工器具管理中存在一系列问题框图

当前工器具管理中存在一系列问题：

1. 借用登记效率低下

当前很多电站的工器具借用跟归还都采取了人工登记的手段，在登记时需要工作人员对工器具的种类、数量、编号核对后进行手工记录，因此造成工器具日常借还登记工作效率低、差错率高。工器具使用、借用记录不能及时跟踪统计，一旦出现借用人长期未归还的现象，管理人员也不能及时发现，造成工器具遗失。

2. 工器具数量配置不清晰

各电站对工器具的配置没有一个系统的概念，不能进行系统的数据分析，统计出各种工器具使用场合的频率和规格型号等信息。只能够在工作时发现不足就进行采购，导致所有借出去的工器具都归还时有出现过剩现象；或者不常用的工器具报废后未及时发现，等到需要的时候又要等采购。

3. 维护保养不及时

对安全工器具及一些需要进行定期检验的工器具，都是依靠人工记录检验时间，再根据周期进行定期校验，通常会出现部分工器具到期后由于疏漏而忘记校验，一旦使用人员也没有及时发现就可能造成不良后果。

4. 盘点困难

虽然大多数工具房对工器具都进行分类存放，但是一旦有些工作人员归还时不负责任地随意乱放，工器具管理人员无法快速找到放错位置的工器具，造成摆放查找困难，无法定位盘点，现场摆放不整洁，下次借用时寻找困难。

5. 存放位置多而乱

传统的工器具存放地点较多，各班组都有自己的工器具，通常会出现想要用到某样工具的时候而找不到，或者每次检修的时候经常会出现工器具丢失的情况。

6. 管理人员非专业化

一般的电站不会设专人长期对工器具进行管理，管理人员变动频繁，经常出现人员变动后就造成交接不充分，台账丢失等情况。

二、工器具管理的发展前景

随着抽水蓄能电站精益化管理，标准检修项目越来越细化，对检修的质量要求也越来越高。随着检修工艺的提高和经验的丰富，越来越多的专用工器具被研制使用，有些专用工器具的价值和重要性可能会远远超出设备的价值。工器具的管理不善及使用不当将会影响电站正常运维。

近年来大家对工器具的管理，已经开始用了各种办法，包括制定各种管理制度、专人专管、专用库房管理、定位定制管理等很多的办法，但效果都不是很好，根本无法很好地满足各种需求。因此建设一整套合理高效的管理系统，越来越有必要。

第二章

抽水蓄能电站工器具分类及配置

抽水蓄能电站工器具按照其用途，主要可以分为 7 大类：安全防护类、手工工器具、起重工器具、电动风动液压工器具、测量工器具、专用工器具。

第一节　安全防护类

电气绝缘工器具和安全防护工器具按其功能和作用分为三类：基本绝缘安全工器具、辅助绝缘安全工器具、一般防护安全工器具（一般防护用具）。

一、基本绝缘安全工器具

基本绝缘安全工器具是指安全工器具的绝缘强度能承受工作电压的作用，可以直接操作高压电气设备、接触或可能接触带电体的工器具。如电容型验电器、绝缘杆、绝缘隔板、绝缘罩、核相器、携带型短路接地线、个人保安接地线等。

一般抽水蓄能电站电压等级分为 500kV 出线场设备、18kV 发电机 – 变压器设备、10kV（6.3kV）厂用电设备、35kV（20kV）地方供电，因此需配置以上相应等级的绝缘安全工器具。

1. 接地线

抽水蓄能电站所用到的接地线主要包括三相短路接地线、单项接地线、试验接地线 3 类。

短路接地线如图 2-1 所示，接地线锁扣种类如图 2-2 所示。

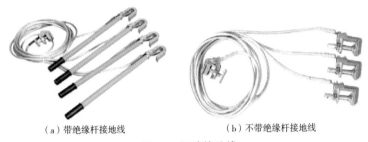

（a）带绝缘杆接地线　　　　　　　　（b）不带绝缘杆接地线

图2-1　短路接地线

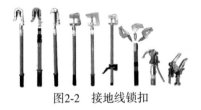

图2-2　接地线锁扣

根据《国家电网公司电力安全工作规程（变电部分）》要求，电气设备检修时，在其各可能来电侧应装设接地线或接地开关，装设接地线时应检查外观无异常，接地线在校验合格期内，接地线电压等级符合要求，装设接地线前应先验明三相确无电压，先装设接地端再装导体端，装设接地线应做好相应登记，在送电前一定要检查送电范围内的接地线全部拆除后方可进行送电。

接地线是电力工作人员的"生命线"，因此所有接地线都由运行人员统一管理，接地线装设和拆除都应做好登记，方便任何人随时查看全厂接地线装设情况，接地线每隔5年需校验一次。

　　每台机组配置相应3组等级的接地线，一般抽水蓄能电站为两条500kV出线，可以配置3组500kV短路接地线；根据厂用电电压等级配置6组厂用电接地线；考虑到检修工作需要试验接地线，还应单独配置试验专用接地线供检修人员借用。接地线配置建议见表2-1。

表2-1　　　　　　　　　接地线配置建议

电压等级	数量		备注
	4台机	6台机	
500kV	3	3	出线电压等级
35（20kV）	3	3	厂用电地方供电电压等级
18kV（螺栓式）	12	15	机端出口电压等级
18kV（锁扣式）	12	15	
18kV（不带绝缘杆）	4	4	
18kV（单相）	6	6	
10（6.3）kV（螺栓式）	12	15	厂用电电压等级
10（6.3）kV（锁扣式）	4	4	
10（6.3）kV（不带绝缘杆）	8	12	
10（6.3）kV（单相）	6	6	
试验接地线	10	10	

　　注　各电站都应制定专门的接地线使用管理制度。

　　2. 验电器及工频发生器

　　验电器可以在操作、工作时帮助工作人员确认检修设备已无电压。运行人员在隔离操作悬挂地线前需进行验电，验电时需先在有电设备上使用，再在需悬挂地线位置进行验电，最后再在有电设备上使用，确保验电器正常。无法在有电设备上使用的，可采用相应电压登记的工频发生器。

验电器如图 2-3 所示，工频发生器如图 2-4 所示。

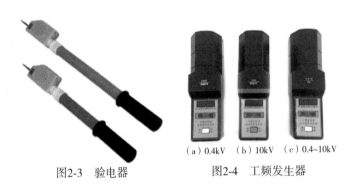

　　　　　　　　　　　　　　　　（a）0.4kV　（b）10kV　（c）0.4~10kV

　　图2-3　验电器　　　　　　　图2-4　工频发生器

验电器应同地线一同存放，方便运行人员借用，验电器每隔一年应进行一次校验，为确保验电器随时都有可用的，各验电器配置时应错开校验周期。

验电器主要在运行操作时使用，考虑到有时会有检修人员需要借用，因此每个电压等级的验电器配置 3 个即可。验电器配置建议见表 2-2。

表 2-2　　　　　　　　　　　验电器配置建议

电压等级（kV）	数　量	
	4 台机	6 台机
500	3	3
35（20）	3	3
18	3	3
10	3	3

3. 绝缘杆

绝缘杆主要在验电、挂地线时保持与导体端有效安全距离时使用，在使用前应先检查外观无破损，是否在校验合格期范围内。也可以用于拉合线路闸刀，目前抽水蓄能电站线路闸刀都自带操作机构，可适当配置一些用来拆装地线，绝缘杆如图 2-5 所示。

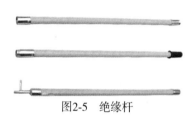

图2-5　绝缘杆

绝缘杆应每隔一年进行一次校验，对校验不合格的应及时报废。

各相应电压等级的绝缘杆应配置 3 套，确保一套在校验时仍有 2 套可用。绝缘杆配置建议见表 2-3。

表 2-3　　　　　　　　　　绝缘杆配置建议

电压等级（kV）	数　量	
	4 台机	6 台机
500	3	3
35（20）	3	3
18	3	3
10（6.3）	3	3

4. 放电棒

放电棒主要在厂用电、SFC 等带有电抗器设备检修时，对电抗器进行放电。在使用前应先检查外观无破损，是否在校验合格期范围内，放电时应戴绝缘手套，先将一端与接地端相连，再进行放电，放电时注意保持安全距离。放电棒如图 2-6 所示。

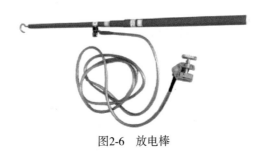

图2-6　放电棒

放电棒应每隔一年进行一次校验，对校验不合格的应及时报废。

根据相应电压等级，配置 1~2 个放电棒即可。放电棒配置建议见表 2-4。

表 2-4　　　　　　　　　　放电棒配置建议

电压等级（kV）	数　量	
	4 台机	6 台机
35	2	2
18	2	2
10	2	2

5.绝缘板

绝缘板主要用于厂用电设备检修时，盘柜内部无隔断且相邻盘柜不停电时，用绝缘板进行隔离（目前盘柜内部本身都已经设置可靠隔离），但还是应当配置一定数量绝缘板以备不时之需。在装设绝缘板时应注意与带电设备保持安全距离，防止在装设过程中发生人身触电现象。绝缘板如图 2-7 所示。

图2-7　绝缘板

二、辅助绝缘安全工器具

辅助绝缘安全工器具是指绝缘强度不能承受工作电压的作用，只用于加强基本绝缘安全工器具的保安作用，用以防止接触电压、跨步电压、泄漏电流电弧对操作人员的伤害。属于这一类的安全工器具有绝缘手套、绝缘靴（鞋）、绝缘胶垫、绝缘台、绝缘用品等。

1. 绝缘手套、绝缘靴

绝缘手套和绝缘靴是防止人身触电事故发生的重要工具之一，是每个电厂必不可少的个人防护工具。绝缘手套如图 2-8 所示，绝缘靴如图 2-9 所示。

高压类绝缘手套、绝缘靴比较厚重，一般是运行人员用来倒电和隔离时使用，因此由运行人员管理使用。低压类的绝缘手套一般用在低压带电工器具操作时使用，由工具间保管使用；绝缘鞋作为正常工作鞋使用。

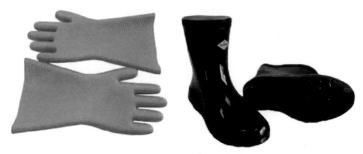

图2-8　绝缘手套　　　　　　　图2-9　绝缘靴

　　绝缘手套、绝缘鞋作为重要安全工器具须严格按有关规定进行管理，购买时需找具有国家生产许可的厂家，和持有合格证的最近出厂日期的产品。应粘贴合格标签，半年到期后送国家许可的检测机构进行安全试验检测，并由其出具合格试验报告。保存时不得跟其他工器具存放在一起，防止其破损。使用前重点检查手套是否有破损，用鼓气法进行检查，还要看它是否还在检测试验有效期内。绝缘靴、绝缘手套配置建议见表2-5。

表 2-5　　　　　　　　　绝缘靴、绝缘手套配置建议

名称	数量	备注
绝缘靴（10kV）	5	
绝缘靴（35kV）	5	
高压绝缘手套（10kV）	5	
高压绝缘手套（35kV）	5	
低压绝缘手套	20	

三、一般防护用具

一般防护安全工器具是指防护工作人员在工作过程中发生事故的工器具。如安全带、防坠器、安全绳、安全防护网、高空吊袋、过滤式防毒面具、正压式消防空气呼吸器、防护手套、防护眼镜、耳塞等。

1. 安全带

在距坠落高度基准面 2m 及 2m 以上，有发生坠落危险的场所作业，都需要使用安全带，适用于体重及负重之和不大于 100kg 的使用者。全身式安全带如图 2-10 所示，双钩安全绳索如图 2-11 所示，单钩安全绳索如图 2-12 所示。

图2-10　全身式安全带　　图2-11　双钩安全绳索　　图2-12　单钩安全绳索

在不需要更换或很少更换悬挂点的作业可使用单钩安全绳索；在经常更换悬挂点的高空作业位置需用双钩安全绳索；高处焊接作业等可能产生火花或高温的工作，需要使用防火安全带及防火安全绳索，防火安全带是一种用钢丝绳加拉簧缓冲器作为安全绳，安全带有防火特殊涂层保护，具有一定防火性能。

安全带购买时需找具有国家生产许可的厂家，和持有合格证的最近出厂日期的产品。安全带上应贴合格标签及下次试验日期，安全带一年到期后送国家许可的检测机构进行安全试验检测，并由其出具合格试验报告，两年到期后必须报废处理。

安全带配置数量不建议太多，因为安全带两年要强制报废处理。安全带配置建议见表2-6。

表 2-6   安全带配置建议

名称	数量	备注
全身式安全带	30	
双钩安全带	15	
大单钩安全带	15	
防火安全带	5	

2. 防坠器

防坠器又叫速差器，能在限定距离内快速制动锁定坠落物体，适合于需要上下移动时的高处作业，在方便移动的同时，对作业人员进行保护。它主要特点有强度大、耐磨、耐用、耐霉烂、耐酸碱，简易轻便，安全适用。防坠器如图2-13所示，大钩防坠器如图2-14所示。

图2-13 防坠器   图2-14 大钩防坠器

防坠器主要配合安全带使用，如陡边坡作业、进入尾水管上下攀爬等需要上下移动作业时候，需采用防坠器，在位置比较复杂处能够更好的发挥其优势。

防坠器在使用时也要检查合格证和有效日期，使用防坠器前要对安全钢绳、外观做检查，并试锁 2~3 次（试锁方法：用手直接将吊钩快速拉拽一下，安全绳索应能自动立即锁止不会松动。松手时安全绳应能自动回收到器内，如安全绳未能完全回收，只需稍拉出一些安全绳即可）安全绳以正常速度拉出应发出"嗒""嗒"声；用力猛拉安全绳，如有异常即停止使用。使用防坠器进行倾斜作业时，原则上倾斜度不超过 30°，30° 以上必须考虑能否撞击到周围物体，使用时严禁安全绳扭结使用，严禁拆卸改装。可制定相关使用注意事项，参照附录 A。

防坠器购买时需找具有国家生产许可的厂家，和持有合格证的最近出厂日期的产品。应粘贴合格标签，一年到期后送国家许可的检测机构进行安全试验检测，并由其出具合格试验报告，3 年到期后报废处理。

因为防坠器跟安全带一样，也需要强制报废，只是周期较长为 3 年，所以也无需配置太多。防坠器配置建议见表 2-7。

表 2-7　　　　　　　　　防坠器配置建议

名称	数量	备注
防坠器（10m）	10	
防坠器（20m）	5	
大钩防坠器	5	

3. 安全绳

安全绳主要配合安全带使用，是安全带的辅助工具之一，使用在有固定悬挂点高度又比较高，或安装有专用滑动悬挂点的位置。在位置比较复杂处能够发挥其更好的优势，特别是在室外山体和大坝上临时使用。安全绳如图 2-15 所示。

图2-15   安全绳

安全绳在使用时的外观检查是重点，一定要仔细观察绳索和挂钩是否完好无损，在固定安全绳时一定要固定在牢固可靠的位置。安全绳购买时需找具有国家生产许可的厂家，和持有合格证的最近出厂日期的产品。应粘贴合格标签，安全绳一年到期后送国家许可的检测机构进行安全试验检测，并由其出具合格试验报告。

日常使用配备带双钩的直径 13mm 以上长度 10、15、20m 长度的安全绳即可，每个长度各配置 3 根。考虑可能出现的特殊情况，再配备一根 50m 长的安全绳可作为特殊时期使用。

4. 安全防护网

安全防护网主要应用在交叉作业面，防止人员、工器具掉落，可配合脚手架的使用，比如在检修机组上下层工作时，安装防护网可有效防止人和物跌落事故的发生。使用时注意检查安全网的外观是否完好，悬挂必须牢固、可靠。安全防护网如图 2-16 所示。

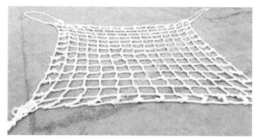

图2-16　安全防护网

安全防护网购买时需找具有国家生产许可的厂家，和持有合格证的最近出厂日期的产品，应粘贴合格标签。

根据网格大小，安全网分为两种，一种是防止高空人坠落的安全网，网格为 60mm×60mm；另一种是配防止高空落物的网，网格小于 20mm×20mm，每样配置 4 张即可。

5. 高空吊袋

高空吊袋是保证高空作业时物品掉落的安全防护工具之一。在高空作业时，能够很好地保护物件在上下传递和使用时不掉落，同时还可以给施工人员提供作业方便。使用时重点检查包体和挂绳是否完好，上下和悬挂时要防止高空坠物事故发生。使用时选择规格要合理，不要超出其使用范围。高空吊袋如图 2-17 所示。

图2-17　高空吊袋

高空吊袋主要有 10kg 和 20kg 两种规格，日常使用配备各有 5个左右即可。

6. 梯子、移动升降平台及脚手架

梯子、移动升降平台及脚手架作为高空作业必不可少的工具，在日常工作中发挥了巨大的作用。从电厂实际使用情况来看梯子主要是有以下两种：一种是绝缘梯子；另一种是非绝缘的普通的梯子，包括人字梯、伸缩梯、多功能折叠梯、绳梯等。

梯子在使用前检查是否有合格证和在有效的使用日期内，外观检查各个部件包括防滑脚套是否完好无损，每架梯子上都有一个重要指标即梯子的载荷要看清楚，不能超出载荷范围使用。

快速移动式脚手架、移动登高车主要用于时间较长的高处作业，可在无任何辅助工具的情况下快捷搭建和移动，是一种实用的高空作业辅助工具。铝合金双梯如图 2-18 所示，伸缩单梯如图 2-19 所示，快速脚手架如图 2-20 所示，绳梯如图 2-21 所示，移动登高车如图 2-22 所示，液压移动登高车如图 2-23 所示。

梯子可存放在现场经常需要用到梯子的场所，可根据实际情况配置相应强度、高度等要求的梯子。而工具房只需存放日常工作中

图2-18　铝合金双梯　　　图2-19　伸缩单梯　　　图2-20　快速脚手架

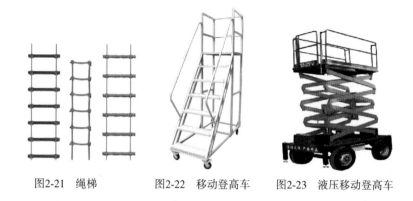

图2-21　绳梯　　　　图2-22　移动登高车　　　图2-23　液压移动登高车

常用的规格型号的梯子。

现场检修实际情况建议根据表 2–8 进行配置。

表 2-8　　　　　　　　梯子配置建议

名　称	规格（m）	数　量
绝缘人字双梯	3	1
	4	1
绝缘单梯	4	1
	6	1
铝合金双梯	1.5	4
	2	4
	2.5	4
	3	4
	4	4

续表

名　　称	规格（m）	数　量
铝合金伸缩单梯	4	4
	6	4
铝合金伸缩单梯	10	1
	12	1
绳梯	10	1
	15	1
充电式移动登高车	10	1
多功能万能梯	4×3	1
快速脚手架	15	2
移动登高车	3	2
液压移动登高车	3	1

7. 面部防护类

面部防护类主要有防护眼镜、防护耳罩、面罩及焊帽，主要防止工作人员在从事切割、焊接等可能伤及到眼、鼻、耳时使用到的日常防护用具。防护眼镜如图 2-24 所示，焊帽如图 2-25 所示，防护面罩如图 2-26 所示，自动变光焊帽如图 2-27 所示。

图2-24　防护眼镜　　　图2-25　焊帽

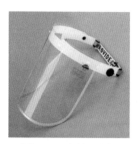

图2-26　防护面罩　　　　图2-27　自动变光焊帽

　　紫外线防护眼镜主要在激光标线仪工作或有激光射线时使用；黑色强光防护眼镜一般作为电焊或气焊辅助工防护时使用；白色透明和全封闭式防护眼镜主要用于打磨和敲打电焊药渣及使用钢錾斩削时使用。

　　手持式和头戴式面罩作为传统型电、气焊防护工具是必不可少的，但现在已经基本被全自动变光防护焊帽替代。自动变光焊帽可以应用在所有的电力焊接方法，如手工电焊、惰性气体保护焊MIG/MAG（熔化极性惰性气体保护焊/熔化极性活性气体保护焊）、高性能焊接、药芯焊丝焊接、氩气保护焊、等离子焊接和微等离子焊接。

　　防护眼镜、防护耳罩、面罩及焊帽重点以外观检查为主，以不妨碍使用者正常使用或不给使用者造成伤害为原则，防护眼镜、防护耳罩、面罩及焊帽作为便携有效的安全防护用品，购买时需找具有国家生产许可的厂家，和持有合格证的产品。

　　防护眼镜一般配置有紫外线防护镜类、异物防护类。面部防护类用具配置建议见表2-9。

表 2-9　　　　　　　　　面部防护类用具配置建议

名　称	数　量	备　注
紫外防护镜	5	
黑色强光防护镜	20	
防异物眼镜	30	
全封闭透明防护眼镜	10	
手持式面罩	10	
头戴式焊帽	10	
全自动变光防护焊帽	2	

8. 口罩、手套、耳罩（耳塞）

口罩主要分为两类，一种是防粉尘的，主要在粉尘较多的场合使用，如打磨、切割现场；另一种是防刺激性气味的，主要在刷漆、防腐或其他使用到化学试剂的工作现场；还有就是消防口罩，也叫做消防面罩，用于火灾逃生使用。防毒口罩如图 2-28 所示，消防口罩如图 2-29 所示。

图2-28　防毒口罩　　　　　　图2-29　消防口罩

手套（如图 2-30 所示）根据使用场合分主要为防高温、防寒、防静电、防酸碱、防油污，根据场合不同选用合适的手套。

（a）防高温手套　　　　　　　　　（b）防酸碱手套

图2-30　手套

耳罩（耳塞）主要在噪声区域长时间工作时佩戴，可以在噪声较大的区域附近，如高气机室、水车室等地方放置耳塞桶，供工作人员取用，如图 2-31 所示。

（a）耳塞桶　　　　　　　　　（b）耳塞

图2-31　耳塞桶及耳塞

其他防护用具配置建议见表 2-10。

表 2-10　　　　　　　　其他防护用具配置建议

名　称	数　量	备　注
防尘口罩	50	作为消耗品管理
防毒口罩	10	
消防口罩		放置在主要消防逃生通道口

续表

名　称	数　量	备　注
防高温手套	5	
防寒手套	5	北方地区可根据情况多配置
防静电手套	20	
防酸碱手套	5	
防油污手套	5	
耳塞		作为消耗品配置在噪声区附近

第二节　手工类工器具

手工类工器具是最常用的通用工器具，是任何一个工厂都必不可缺的，根据使用场合大致分为以下几类。

一、盘根制作类工具

更换盘根作为抽水蓄能电站机械设备检修中的一个重要工作，盘根的更换质量影响到整个检修质量，机组检修后调试经常会因为盘根更换不合格导致漏水、漏油，从而返工，耗费大量时间。因此准备好盘根制作、更换工具也是机组检修过程中的一个重要项目。

1. 盘根钩

盘根钩能够有效解决更换盘根时拆除旧盘根时的困难，为满足强度要求多采用特殊合金钢制造。针对不同地方的盘根，有不同的头型组合，主要有工具弯式沟针、螺纹钻头、螺旋沟头，检修人员可根据实际情况采用合适的工具。盘根钩如图 2-32 所示。

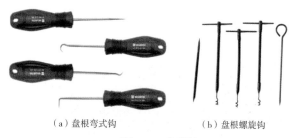

（a）盘根弯式钩　　　　　　（b）盘根螺旋钩

图2-32　盘根钩

2. 盘根刀（盘根剪）

作为制作盘根必不可少的工具之一，盘根刀可以现场切割软盘根，能够精确地控制切割角度（45°、90°、135°）。在选择盘根刀的时候，主要需考虑刀片的锋利及耐用情况，要保证切割后断口平整，以便进行粘接操作。

盘根刀属于比较易损的工具，建议一个电厂最低库存不要低于5把。盘根刀如图 2-33 所示。

图2-33　盘根刀

3. 盘根侧切器

盘根侧切器主要是针对比较大的盘根，无法使用便携式盘根刀切割的，可以用盘根侧切器。盘根侧切器自带标尺刻度，能够精准控制尺寸，确保切割精度，减少切割误差，同时可避免切口松散。盘根侧切器如图 2-34 所示。

图2-34　盘根侧切器

4. 密封垫圈切割刀

密封垫圈切割刀可用于快速及精确地制作密封圈，可切割硬纸板、皮革、橡胶、塑料、无石棉板材等，主要分为双刀和单刀，双刀可一次切割成型。

大多数抽水蓄能电站只需要配置 200mm 和 400mm 两种尺寸的切割刀就能够满足日常工作的需要。各电站也可以根据自己厂的实际需要可配备尺寸更大一点的切刀。密封垫圈切割刀如图 2–35、图 2–36 所示。

图2-35　密封垫圈切割刀（单刀）

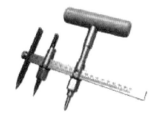

图2-36　密封垫圈切割刀（双刀）

5. 密封垫圈台式切刀

密封垫圈台式切刀用于快速及精确地制作密封圈，可切割硬纸板、皮革、橡胶、塑料、无石棉板材等，切割精度更高，根据材料不同，最大切割厚度可达 6mm 左右，刀片可更换，一般直径范围为25~300mm，建议配备一套左右。密封垫圈台式切刀如图 2-37 所示。

图 2-37　密封垫圈台式切刀

6. 皮带冲也叫冲孔器

皮带冲主要用于橡胶、纸板、皮革和塑料制品上冲圆孔或椭圆孔，作为制作密封垫片必不可少的工具之一，工具房应当根据使用情况进行配置。皮带冲作为易损工具要注意损坏情况并及时更新。

盘根类工具配置建议见表 2-11。

表 2-11　　　　　　　　盘根类工具配置建议

名　称	数　量	备　注
弯式沟针	4	
螺纹钻头	4	
螺旋沟头	4	

续表

名　称	数　量	备　注
盘根刀	5	
盘根侧切器	2	刀片属于易损件，可以适当多配置一些刀片
密封垫圈切割刀（200mm 双刀）	2	
密封垫圈切割刀（400mm 双刀）	2	
密封垫圈切割刀（200mm 单刀）	2	
密封垫圈切割刀（400mm 单刀）	2	
皮带冲 3~20mm	各 5 个	
皮带冲 21~32mm	各 2 个	
皮带冲 32mm 以上	各 1 个	
液压皮带冲 3~75mm（套）	1	

二、剪切类工具

1. 裁纸刀

根据强度分类裁纸刀可以分为普通裁纸刀和重型裁纸刀，如图 2-38 和图 2-39 所示。

（a）刀　　　　　　　　　　（b）刀片

图2-38　普通裁纸刀及刀片

（a）刀　　　　　　　　　　（b）刀片

图2-39　重型裁纸刀及刀片

普通裁纸刀用途广泛，作为易损工具可以适当多配备一些。

工业裁纸刀也叫重型裁纸刀，一般多用金属或合金钢制成，刀片为可更换式的，主要有两种模式的，一种是金属刀身加普通高速钢刀片的，这种刀使用方便，可以切割比较小的盘根或密封条等，但由于刀片为极易断的高速钢制作的，要防止刀片突然断裂飞起伤人，所以使用时要做好防护工作，刀片伸出距离越短越好，使用时用力要均匀。另一种也是金属刀身加高速钢刀片，只是刀片不是折断式的，这种刀安全性更高，使用强度更好，不会折断，因此尽量采用这种裁纸刀安全性更高。

2. 剪刀

剪刀作为一种普通的工具，使用范围广泛，电站用的剪刀主要分为普通剪刀、工业型剪刀和铁皮剪刀几种。在现场工作时，要根据裁剪物品选择合适的剪刀，避免剪刀损坏。普通剪刀如图 2-40 所示，工业重型剪刀如图 2-41 所示，铁皮剪刀如图 2-42 所示。

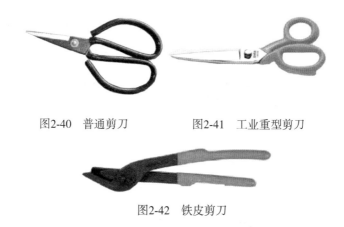

图2-40　普通剪刀　　　　　图2-41　工业重型剪刀

图2-42　铁皮剪刀

剪刀类工具配置建议见表 2-12。

表 2-12　　　　　　　　剪切类工具配置建议

名　称	数　量	备　注
普通裁纸刀	20	刀片属于易损件，可以适当多配置一些刀片
重型裁纸刀（可折断式刀片）	5	
重型裁纸刀（一体式刀片）	5	
普通剪刀（160mm）	20	
普通剪刀（180mm）	20	
普通剪刀（200mm）	10	
工业型剪刀（200mm）	10	
工业型剪刀（250mm）	10	
工业型剪刀（300mm）	10	
铁皮剪刀（300mm）	5	

三、螺栓拆装类工器具

螺栓拆装类工器具主要包括螺丝刀、扳手、螺母破坏类工具。以下对一些实用的工具进行分类介绍。

（一）螺丝刀

螺丝刀主要有一字（负号）和十字（正号）两种，此外还有六角螺丝刀，包括内六角和外六角及星形螺丝刀等多种，如图2-43~图2-48所示。

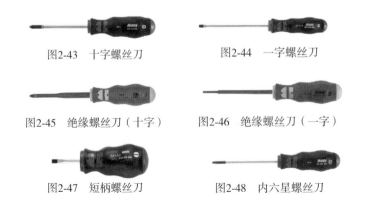

图2-43　十字螺丝刀　　　　　图2-44　一字螺丝刀

图2-45　绝缘螺丝刀（十字）　　图2-46　绝缘螺丝刀（一字）

图2-47　短柄螺丝刀　　　　　图2-48　内六星螺丝刀

1. 普通螺丝刀

螺丝刀为螺丝拆装时必不可少的工具，工器具房应当适当多配置一些，根据用途划分，抽水蓄能电站主要需要配置普通螺丝刀、强力螺丝刀、精密螺丝刀、六方套筒螺丝刀几大类即可。选择时尽量考虑防滑、舒适或可配扳手使用的。强力螺丝刀如图 2-49 所示，六方套筒螺丝刀组套如图 2-50 所示，棘轮转向螺丝刀如图 2-51 所示，螺丝刀手柄如图 2-52 所示，精密螺丝刀组套如图 2-53 所示，螺丝刀批头组套如图 2-54 所示。

图2-49　强力螺丝刀

图2-50　六方套筒螺丝刀组套

图2-51　棘轮转向螺丝刀

图2-52　螺丝刀手柄

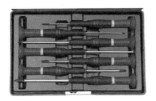

图2-53　精密螺丝刀组套

图2-54　螺丝刀批头组套

常规的螺丝刀配置建议如表 2-13 所示。

表 2-13　　　　　　　　　螺丝刀配置建议

名　称	规　格	数　量
短一字螺丝刀	0.6mm × 3.5mm × 25mm	10
	1.0mm × 5.5mm × 25mm	10
	1.2mm × 6.5mm × 25mm	10
短十字螺丝刀	PH1 × 25mm	10
	PH2 × 25mm	10
短米字螺丝刀	PZ1 × 25mm	10
	PZ2 × 25mm	10
加长一字螺丝刀	0.6mm × 3.5mm × 200mm	10
	0.8mm × 4.0mm × 300mm	10
	1.0mm × 5.5mm × 200mm	10
	1.2mm × 8.0mm × 300mm	10
加长十字螺丝刀	PH1 × 300mm	10
	PH2 × 300mm	10
一字螺丝刀（强力可砸）	0.6mm × 3.5mm × 80mm	20
	0.8mm × 4.5mm × 90mm	20
	1.0mm × 5.5mm × 100mm	20
	1.2mm × 7.0mm × 125mm	20
	1.6mm × 10mm × 175mm	20
	2.0mm × 12mm × 200mm	20
十字螺丝刀（强力可砸）	PH1 × 80mm	20
	PH2 × 100mm	20
	PH3 × 150mm	20
	PH4 × 200mm	20

名　称	规　格	数　量
内六星螺丝刀组套	TX6–TX45	1
内六星带孔螺丝刀组套	TX10–TX40	1
仪表一字螺丝刀组套	0.16mm × 0.8mm × 40mm~ 0.06mm × 3.5mm × 100mm	2
仪表十字螺丝刀组套	PH000 × 40mm~ PH1 × 80mm	2
六方套筒螺丝刀组套	4.0~17mm	2
六方套筒软杆螺丝刀	5~13mm	2
1/4" 方头螺丝刀手柄	150mm、110mm	5
批头组套（配电起子机用）	105 件	2

2. 绝缘螺丝刀

在电气回路上工作，包括端子紧固、接线之类的应选择绝缘螺丝刀，绝缘螺丝刀一般为耐交流 1000V 的，配置建议见表 2–14。

表 2-14　　　　　　　　绝缘螺丝刀配置建议

名　称	规　格	数　量
绝缘一字螺丝刀	0.4mm × 2.5mm × 80mm	30
	0.5mm × 3mm × 100mm	30
	0.6mm × 3.5mm × 100mm	30
	0.8mm × 4mm × 100mm	30
	1mm × 5.5mm × 125mm	20
	1.2mm × 6.5mm × 150mm	20

续表

名　称	规　格	数　量
绝缘一字螺丝刀	1.2mm × 8mm × 175mm	10
	1.6mm × 8mm × 200mm	10
	1.6mm × 10mm × 200mm	10
绝缘十字螺丝刀	PH0mm × 80mm	30
	PH1mm × 80mm	30
	PH2mm × 100mm	30
	PH3mm × 150mm	20
	PH4mm × 200mm	20
绝缘米字螺丝刀	PZ0mm × 80mm	30
	PZ1mm × 80mm	30
	PZ2mm × 100mm	30
	PZ3mm × 150mm	30
超细杆一字绝缘螺丝刀	0.4mm × 2.5mm × 80mm	20
	0.8mm × 4.0mm × 100mm	20
	1.0mm × 5.5mm × 125mm	20
超细杆十字绝缘螺丝刀	PH1 × 80mm	20
	PH2 × 100mm	20
绝缘仪表螺丝刀组套	1.5mm−00 级	10
绝缘内六星螺丝刀组套	TX8−TX25	5
绝缘六方套筒螺丝刀组套	5.5~7.0mm	3

（二）内六角扳手

内六角扳手也叫艾伦扳手，它是通过扭矩施加对螺丝的作用力，可以减少使用者的用力强度。主要有 T 形内六角和 L 形内六角，此外还有套筒式内六角扳手，同套筒扳手一样，方便现场随意组合。

1. T形内六角扳手

T形内六角扳手是检修工作中最常使用的工具之一，能够便捷地紧固和拆卸螺栓，在拆卸已锈蚀螺栓时也更为方便。主要分为公制和英制两种标准，英制有组套工具，而公制需要单独配置，如图2-55所示。T形内六角扳手配置建议见表2-15。

图 2-55　T形内六角扳手

表 2-15　　　　　　　　T形内六角扳手配置建议

名　称	规　格	数　量
T形内六角扳手	2.5mm × 150mm	10
	3mm × 150mm	10
	4mm × 150mm	10
	5mm × 150mm	10
	6mm × 200mm	10
	8mm × 200mm	10
	10mm × 200mm	10
	12mm × 200mm	10

2. L 形内六角扳手

L 形内六角扳手是检修工作中最常使用的工具之一，能够便捷地坚固和拆卸螺栓，在拆卸已锈蚀螺栓时也更为方便。主要分为公制和英制两种标准，英制有组套工具，而公制需要单独配置。L 形内六角扳手如图 2-56 所示。

图 2-56　L 形内六角扳手

表 2-16　　　　　　　　　　L 形内六角扳手配置建议

名　称	规　格	数　量
L 形内六角扳手	1.0mm × 50mm	20
	1.5mm × 47mm	20
	2.0mm × 52mm	20
	2.5mm × 59mm	20
	3.0mm × 66mm	20
	3.5mm × 70mm	20
	4.0mm × 74mm	20
	4.5mm × 80mm	20
	5.0mm × 85mm	20
	5.5mm × 90mm	20
	6.0mm × 96mm	20
	7.0mm × 102mm	20

续表

名　称	规　格	数　量
	8.0mm×108mm	20
	9.0mm×114mm	20
	10mm×122mm	20
	11mm×129mm	20
	12mm×137mm	20
	14mm×150mm	10
	16mm×168mm	10
L形内六角扳手	17mm×177mm	10
	19mm×199mm	10
	22mm×222mm	5
	24mm×248mm	5
	27mm×277mm	5
	30mm×315mm	5
	32mm×347mm	5
	36mm×391mm	5
公制内六角扳手组套	2~14mm	20
英制内六角扳手组套	1/16"~3/8"	20
内六星扳手组套	TX9~TX40	3

3. 套筒式内六角扳手

套筒式内六角扳手也称内六角套头，其中一头是能过套筒方式连接，它可以利用套筒与各种扳手配合起来使用，可以大大地节省时间和劳动力，根据需要配置几种常用的规格。固定式套筒内六角如图 2-57 所示，活络式套筒内六角如图 2-58 所示。内六角套头配置建议见表 2-17。

图2-57　固定式套筒内六角　　　　图2-58　活络式套筒内六角

表 2-17　　　　　　　　　内六角套头配置建议

名　　称	规　　格	数　　量
1" 内六角套头	17、19、22、24mm	3
3/4" 内六角套头	14、17、19、22mm	3
1/2" 内六角套头	4、5、6、7、8、9、10、12、13、14、17、19mm	3

（三）呆扳手

呆扳手又称死扳手，主要分为双头呆扳手和单头呆扳手。它的作用广泛，主要作用于机械检修、设备拆装等工作场合，根据常用的分为梅花开口扳手、双头开口扳手、梅花扳手等。

1. 梅花开口扳手

扳手一头是梅花形的扳手，一头是开口型的，在空间受限时可以用开口端工作，松动后或在不受空间限制时可以用梅花头工作。在选择梅花头扳手时，最好选择带有 powerdriv 设计的扳手，因为带这种设计的扳手，使用的时候跟螺栓的接触是以面接触的，而传统的梅花型扳手是点接触的，这样可以避免螺母的打滑，同时可以有效地保护螺母。梅花开口扳手如图 2-59 所示，梅花（棘轮）开口扳手如图 2-60 所示。

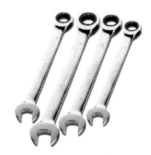

图2-59　梅花开口扳手　　　图2-60　梅花（棘轮）开口扳手

　　还有一种梅花头是棘轮式的扳手，这种梅花头是棘轮形式的，但这种扳手只能在螺栓松动的情况下使用，直接拆装用力很容易损坏。

　　梅开扳手作为常用工具规格配备要全，基本配置为公制，英制扳手配置 1~2 套即可。梅花开口扳手配置建议见表 2-18。

表 2-18　　　　　　　梅花开口扳手配置建议

名　称	规　格	数　量
梅花开口扳手	5.5mm	10
	6mm	10
	7mm	10
	8mm	10
	9mm	10
	10mm	10
	11mm	10
	12mm	10

名　　称	规　格	数　　量
梅花开口扳手	13mm	20
	14mm	20
	15mm	10
	16mm	10
	17mm	20
	18mm	10
	19mm	20
	20mm	10
	21mm	10
	22mm	20
	23mm	10
	24mm	20
	25mm	10
	26mm	10
	27mm	10
	28mm	10
	29mm	10
	30mm	20
	32mm	20
	34mm	10

续表

名　称	规　格	数　量
梅花开口扳手	36mm、	10
	41mm	10
	46mm	10
棘轮梅开扳手	8mm	5
	9mm	5
	10mm	5
	11mm	5
	12mm	5
	13mm	10
	14mm	5
	15mm	5
	16mm	5
	17mm	10
	18mm	5
	19mm	10
	21mm	5
	22mm	10
	24mm	10
英制梅开扳手组套	1/4"~15/16"	2

2. 双开扳手

双开扳手就是两头都是开口形式的扳手，在选择双开扳手时一定要购买高质量的工具，这样可以保护螺栓不被损坏。双开口扳手如图 2-61 所示。

图 2-61　双开口扳手

双开扳手作为常用工具规格配备要全，几种常用规格要适当多配置一些，基本配置为公制，英制扳手购买 1~2 套即可。双开口扳手配置建议见表 2-19。

表 2-19　　　　　　　　双开口扳手配置建议

名　称	规　格	数　量
双开口扳手	4~5mm	10
	5~5.5mm	10
	6~7mm	10
	8~9mm	10
	8~10mm	10
	10~11mm	20
	12~13mm	10
	13~14mm	20

续表

名　称	规　格	数　量
	16~18mm	20
	17~19mm	30
	20~22mm	10
	21~23mm	10
	24~26mm	5
双开口扳手	25~28mm	5
	27~29mm	10
	30~32mm	10
	30~34mm	5
	36~41mm	10
	38~42mm	5
	41~46mm	5
英制开口扳手组套	1/4"~15/16"	2

3. 梅花扳手

梅花扳手是两头都为梅花套筒式的扳手，与开口扳手同样为最常用的手工工具之一，在工作中能使用梅花扳手尽量使用梅花扳手，这样能够更好地保护人员和工件不受损伤，通常情况下主要选择弯头梅花扳手。梅花扳手如图 2-62 所示，配置建议见表 2-20。

图 2-62　梅花扳手

表 2-20　　　　　　　　　　　梅花扳手配置建议

名　称	规　格	数　量
弯头梅花扳手	6~7mm	10
	8~9mm	10
	10~11mm	10
	12~13mm	10
	14~15mm	10
	16~18mm	10
	17~19mm	20
	20~22mm	20
	21~23mm	10
	24~26mm	10
	25~28mm	10
	27~29mm	10
	30~32mm	20
	30~34mm	5
	36~41mm	10
	46~50mm	5

（四）活络扳手（活动扳手）

活络扳手是一种旋紧或拧松有角螺丝钉或螺母的工具，由于可以调节，使用方便，在不确定螺栓尺寸的情况下，大多数新人喜欢使用活络扳手。常用的有 4"（100mm）、6"（150mm）、8"（200mm）、10"（250mm）、12"（300mm）、15"（375mm）、18"（450mm）、24"（600mm）这几种，使用时根据螺母的大小选配。活络扳手如图 2-63 所示。

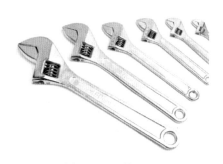

图 2-63　活络扳手

但是在现场工作时尽量不用活络扳手，因为活络扳手的钳口是活动的，所以使用时跟工件接触面不完全，容易打滑，可能会造成人员和工件的损伤；另外，活络扳手比较大，很多使用场合会受限制，还有因为活络扳手是由几个部分组合而成的，所以存在掉落的风险，在一些设备内部要小心谨慎使用。

建议工具房可以适当配置一些活络扳手，见表 2-21。

表 2-21　　　　　　　　活络扳手配置建议

名　称	规　格	数　量
活络扳手	4"（100mm）	10
	6"（150mm）	10
	8"（200mm）	10
	10"（250mm）	10

续表

名　称	规　格	数　量
活络扳手	12"（300mm）	10
	15"（375mm）	10
	18"（450mm）	10
	24"（600mm）	10

（五）锤击扳手

锤击扳手也称敲击扳手，主要有开口和梅花两种，它具有结构稳定、材质密度高、抗打击能力强，不折、不断、不弯曲，经久耐用等特点，在拆除较紧或是生锈的大螺母时非常实用，因此配置大一点规格在 36mm 以上的即可，各厂可以根据实际情况配置不同的规格尺寸。开口锤击扳手如图 2-64 所示，梅花锤击扳手如图 2-65 所示，锤击扳手配置建议见表 2-22。

图2-64　开口锤击扳手　　　　图2-65　梅花锤击扳手

表 2-22　　　　　　　　锤击扳手配置建议

名　称	规　格	数　量
梅花敲击扳手	36mm	5
	46mm	5
	50mm	5

续表

名　称	规　格	数　量
梅花敲击扳手	55mm	10
	60mm	5
	65mm	5
	75mm	10
	85mm	5
开口敲击扳手	36mm	5
	46mm	5
	50mm	5
	55mm	10
	60mm	5
	65mm	5
	75mm	10
	85mm	5

（六）棘轮扳手

棘轮扳手是目前最常用的一种工具，它因为使用方便、适用场合广泛。它的规格是按照能够安装套筒的四方轴的尺寸来定的，一般有以下几种：1"、1/4"、3/8"、1/2"、3/4"。棘轮扳手如图 2-66 所示，可转向棘轮扳手如图 2-67 所示，棘轮扳手头如图 2-68 所示。

图2-66　棘轮扳手

图2-67　可转向棘轮扳手

图2-68　棘轮扳手头

需要注意的是在使用时不能借助外力或加长手柄使用，这样很容易损坏工具，不得当锤子使用敲打工件。棘轮扳手配置建议见表2-23。

表 2-23　　　　　　　　　棘轮扳手配置建议

名　称	规　格	数　量
棘轮扳手	1"	5
	1/4"	20
	1/2"	20
	3/8"	20
	3/4"	20
可转向棘轮扳手	1/4"	5
	1/2"	5
	3/8"	5
	3/4"	5

套筒作为棘轮扳手必不可少的辅助用具，一般有手动用的普通套筒和电动液压用的重型套筒两类，如图 2-69 ~ 图 2-77 所示。根据实际使用情况，建议按表 2-24 配置套筒。

图2-69　重型套筒　　图2-70　六方套筒　　图2-71　多功能套筒

图2-72　万能套筒　　图2-73　加长套筒　　图2-74　加长杆

（a）变径转接头　　　　　（b）万向接头

图2-75　接头

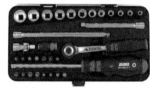

图2-76　公制套筒组套

图2-77　英制套筒组套

表 2-24　　　　　　　　　　套筒配置建议

名　称	规　格	建议配置数量
1″重型六方套筒	36、41、50、55mm	5
	60、65、70、75、85mm	3

续表

名　称	规　格	建议配置数量
3/4" 重型六方套筒	19、20、22、24、27、30、34、36、41mm	5
1/2" 重型六方套筒	19、20、24、27、30、32mm	5
1/4" 普通六方套筒	4、5、5.5、6、7、8、9、10、11、12、13、14mm	5
3/8" 普通六方套筒	6、7、8、9、10、11、12、13、14、15、16、17、18、19、20、21、22mm	5
1/2" 普通六方套筒	6、7、8、9、10、11、12、13、14、15、16、17、18、19、20、21、22、23、24、25、26、27、28、30、32、34、36mm	5
3/4" 普通六方套筒	22、24、27、30、32、36、38、41、46、50mm	5
1" 普通十二方套筒	36、38、41、46、50、55、60、65mm	3
1" 重型加长杆	210、410mm	1
3/4" 重型加长杆	200、400mm	1
	400mm	1
1/2" 普通加长杆	53、75、125、150、250、475mm	1
3/8" 普通加长杆	38、75、125、250mm	1
1/4" 普通加长杆	25、53、101、152、250mm	1
变径转接头	1"~3/4"	3
	3/4"~1"	3
	1/2"~3/4"	3
	3/4"、1/2"	3
	1/4"~3/8"	3
	3/8"、1/4"	3
英制套筒组套	1/2"	1
	3/4"	1
多功能套筒组套	1/2"	1
万用套筒组套	M6~M32	1

（七）棘轮平口扳手钳、链条扳手、滑杆扳手、带状扳手、烟袋扳手、深孔扳手

这几种形式的扳手也是电厂必备的工具，这些工具基本能够解决一些特殊位置和特殊工件的问题，但这几种扳手各单位可根据实际情况配备一至两套常用规格的即可。

1. 棘轮平口扳手

棘轮平口扳手钳基本可以替代传统的活络扳手，它可以单手快速调节钳口的大小，而且使用比较轻便、防滑，钳口平滑可以保护工件等。

2. 链条扳手

链条扳手链条通过联结板与钳柄铰接，即链条的一端与联结板的一端铰接，联结板的另一端与钳柄铰接，钳柄的前端的牙呈圆弧分布。在工作时，链条的非铰接端是自由的、不与钳柄固定或铰接，管件的夹持、旋转是由管件和缠绕它的链条之间的摩擦力来实现的，而扭力是由钳柄前端的局部牙轮与链条的啮合力产生的，钳柄在管件表面没有施力作用点。因此，链条式管钳不但能对金属管件，而且能对陶瓷管件、薄壁管件、塑料管件等进行夹持、旋转，并不产生咬痕，不损伤管件表面。

3. 滑杆扳手

滑杆扳手可以自由方便地通过滑动手杆上的套筒连接头，来改变使用工件位置，达到快速调整的作用，能在一些工况较复杂的地方使用。

4. 带状扳手

带状扳手利用扳手的皮带或链条与工件的摩擦力来达到拆装的目的，它有适应性强的优点，不管是圆形或多边形都能适应。

5. 烟袋扳手

烟袋扳手顾名思义就是像一个烟袋一样的扳手，它一头是通孔的，可以拆装长螺杆的螺栓，另一头是直的，可以插入更深的位置拆装螺栓。

6. 深孔扳手

深孔扳手专用于拆装位置很深、螺杆又很长无法用传统工具拆装的工况下使用的工具。

滑杆扳手如图 2-78 所示，链条扳手如图 2-79 所示，带状扳手如图 2-80 所示，深孔扳手如图 2-81 所示，烟袋扳手如图 2-82 所示，棘轮平口扳手钳如图 2-83 所示。

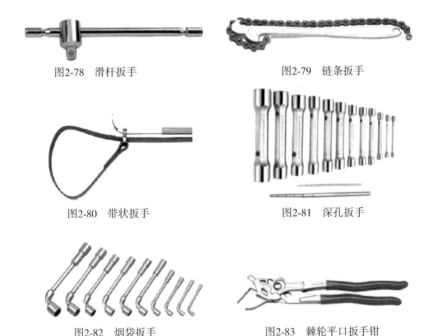

图2-78　滑杆扳手　　　　　　　　图2-79　链条扳手

图2-80　带状扳手　　　　　　　　图2-81　深孔扳手

图2-82　烟袋扳手　　　　　　　　图2-83　棘轮平口扳手钳

（八）螺母破坏类

1. 螺母劈开器

检修工作中常遇到螺母咬合而无法打开情况，就需要将螺母破坏，传统的方法是动火，安全性差，经济性差，易伤设备。而螺母劈开器可轻松将螺母劈开而不损伤螺栓，螺母劈开器在工业生产中广泛使用，具有简便、快捷、安全、高效的解决螺栓螺母的拆卸，不动火，不用电，不损伤螺栓丝扣。液压螺母劈开器如图 2-84 所示，螺旋螺母劈开器如图 2-85 所示。

图 2-84　液压螺母劈开器　　　　图 2-85　螺旋螺母劈开器

将劈开器头部孔套入待劈的螺母，并摆正放平，手动油泵，使劈刀顶出推进至螺母，劈刀顶进螺母，应缓慢加压，以免当劈刀顶过猛，劈刀快速将螺母劈开，损伤螺栓丝扣，当听到"叭"的劈裂声时，表明螺母已被劈开，立即停止压动。

2. 断丝锥、断螺栓取出器

断丝锥、断螺栓取出器是任何工厂必不可少的工具，是用来取出断在工件内的丝锥和螺栓的工器具，两种工器具都是组套式的，丝锥取出器分三爪和四爪两种，断螺栓取出器有反丝锥式和六方杆式两种，如图 2-86、图 2-87 所示。

螺栓断裂后，先根据其直径选择适当规格的转头在螺旋的中心钻孔，然后选用适合尺寸的断螺栓取出器插入钻好的孔中，用脚手架或活动扳手逆时针转动，就能将螺栓取出，如图 2-88 所示。

图 2-86 断螺栓取出器　　　　图 2-87 断丝锥取出器

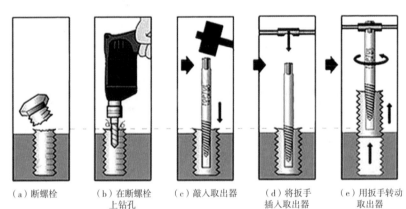

（a）断螺栓　　（b）在断螺栓　　（c）敲入取出器　　（d）将扳手　　（e）用扳手转动
　　　　　　　上钻孔　　　　　　　　　　　　插入取出器　　　取出器

图2-88　断螺栓取出流程

还有些断丝锥取出器原理是工件和丝锥分别接上正、负电极，中间灌电解液，导致工件向丝锥放电腐蚀，然后辅助尖嘴钳等取出，对内孔伤害很小。

螺母破坏类配置建议见表 2-25。

表 2-25　　　　　　　　螺母破坏类配置建议

名　称	规　格	数　量
螺旋螺母劈开器	M6~M12	2
液压螺母劈开器	M10~M22	2

续表

名　称	规　格	数　量
断螺栓取出器	M3~M20	1
断丝锥取出器	三爪	1
	四爪	1

四、钳子类工器具

钳子类工器具是电站最常用的工具之一。根据用途可以分为以下几类。

（一）钢丝钳、斜口钳、尖嘴钳

这类钳子（如图 2-89 ~ 图 2-94 所示）作为使用最广最频繁的工具之一，可以适当多配置一些，见表 2-26。在使用时要注意，一定根据切割的材料和规格来选择钳子。如果是带电作业的场合必须要选择绝缘类的钳子进行工作，一般手工绝缘类的工具在电压 1000V 以下的。

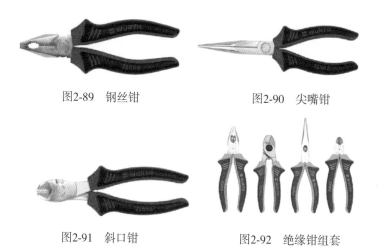

图2-89　钢丝钳　　　　　　图2-90　尖嘴钳

图2-91　斜口钳　　　　　　图2-92　绝缘钳组套

图2-93 强力钢丝钳

图2-94 超细长尖嘴钳

表 2-26　　　　　　　　　　钳类配置建议

名　称	规　格	数　量
普通钢丝钳	170mm	20
	180mm	20
	200mm	10
强力钢丝钳	200mm	10
绝缘钢丝钳	170mm	20
	180mm	20
	200mm	10
普通斜口钳	160mm	20
	180mm	20
	200mm	10
强力斜口钳	160mm	10
	180mm	10
	200mm	10
绝缘斜口钳	160mm	20
	180mm	20

续表

名　称	规　格	数　量
普通尖嘴钳	160mm	20
	180mm	20
	210mm	10
普通弯嘴钳	160mm	10
	210mm	10
绝缘尖嘴钳	160mm	20
	210mm	20
超细长钳子	340mm	10

（二）管子类夹持用工具

管子类夹持用工具主要有管钳、水泵钳、链管钳等，管钳有传统型的和瑞典式的两种，传统型的管钳比较笨重，调节不方便，夹持力不够，容易打滑，现基本被瑞典式和水泵钳替代。相对于传统型的管错钳，瑞典式和水泵钳比较轻便，调节方便，单手即可操作，而且夹持有力，不容易打滑。

传统型管钳主要于一些位置较大，夹持的工件又比较笨重，使用空间不受限制的情况下使用。

瑞典式管钳可以在一些空间位置较小的位置使用，而且相对传统型管钳来说夹持力更好，更容易进行操作。

水泵钳作为一种新型的管子夹持工具，它更容易调节和使用，使用场合更广。但由于钳子做工较复杂，受力的手柄相对来说比较小，所以不能大力的超载荷使用，容易损坏工具。

　　链管钳的适用性很强，可以在很大的范围内使用，而且使用也很方便，只要简单一步就可以完成，不需要通过别的部位进行调节，但因以链管钳只是通过链条与工件的摩擦力进行工作，所以不能从事大力量的管子拆装。

　　传统型管钳如图 2-95 所示，链管钳如图 2-96 所示，45°瑞典式管钳如图 2-97 所示，直角形瑞典式管钳如图 2-98 所示，S 形瑞典式管钳如图 2-99 所示，水泵钳如图 2-100 所示。管钳配置建议见表 2-27。

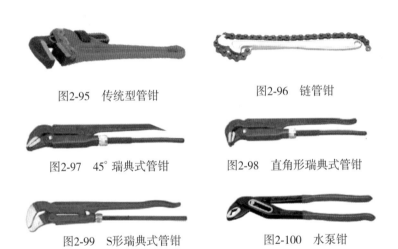

图2-95　传统型管钳　　　　　　　　图2-96　链管钳

图2-97　45°瑞典式管钳　　　　　图2-98　直角形瑞典式管钳

图2-99　S形瑞典式管钳　　　　　图2-100　水泵钳

表 2-27　　　　　　　　　　　管钳配置建议

名　称	规　格	数　量
传统型的管钳	10"（250mm）	2
	12"（300mm）	2

续表

名 称	规 格	数 量
传统型的管钳	14"（350mm）	2
	15"（375mm）	2
	18"（450mm）	2
	24"（600mm）	2
瑞典式管钳（45°/90°）	1/2"	4
	1"	4
	11/2"	4
	2"	4
	3"	4
S 形瑞典式管钳	1/2"	4
	1"	4
	1.5"	4
	2"	4
	3"	4
水泵钳	5/6/7/10/12/16/22"	4
链管钳	300/500mm	4

（三）电气类专用钳类

电气类专用钳类主要指用于电线缆的剪切、接线端子的压接、电缆绝缘剥除等工作的工具，主要有剥线钳、剥缆刀、电缆剪钳、棘轮电缆剪钳、压线钳、充电式手持压线钳、安全刀等，如图2-101~图 2-112 所示。

图2-101　充电式液压压线钳组套

图2-102　手动液压压线钳

图2-103　棘轮压线钳

图2-104　压线钳模具

图2-105　棘轮剪

图2-106　单手电缆剪

图2-107　双手电缆剪

图2-108　剥线钳（可调）

图2-109　安全刀

图2-110　同轴剥缆刀

图2-111　剥缆刀（固定式）

图2-112　剥缆刀（可调式）

在工作前一定要根据工作内容选择合适的工具，避免造成伤害，表 2-28 是配置建议。

表 2-28 电气专用钳类

名 称	规 格	数 量
手持充电压线钳（全能王）	$10\sim300mm^2$	1
手持液压压线钳	$10\sim300mm^2$	1
棘轮压线钳（过线管）	$0.25\sim6mm^2$	4
棘轮压线钳（非绝缘端子）	$0.5\sim10mm^2$	4
棘轮压线钳（非绝缘舌形端子）	$0.1\sim2.5mm^2$	4
	$0.5\sim6mm^2$	4
棘轮压线钳（绝缘端子）	$0.5\sim6mm^2$	5
棘轮压线钳（BNC 同轴端子）	RG58~RG316	2
电缆剪钳	$70mm^2$	4
	$150mm^2$	4
棘轮电缆剪钳	$240mm^2$	4
	$380mm^2$	4
剥线钳	$0.5\sim4mm^2$	10
	$0.2\sim6.0mm^2$	10
剥缆刀（可调节换刀头）	绝缘层厚度 0~5mm	10
剥缆刀（固定式）	电缆直径 8~28mm	10
同轴电缆剥线器	AMK70	4
安全刀	170mm	20

（四）卡簧钳

卡簧钳主要分为轴用和孔用两大类。一般最好用的是钳头与钳体是独立区分两种材质制成的钳子，这样可以保证钳头的质量，而且钳头不易损坏，孔用与轴用的两类卡簧钳多有直型和 90° 两种。使用的时候要注意保护钳头部分不被损坏，钳头是最容易受损也是最重要的一个部分，根据不同卡簧选择最合适的卡簧钳是最关键的。

轴用卡簧钳如图 2-113 所示，孔用卡簧钳如图 2-114 所示。卡簧钳配置建议见表 2-29。

图2-113　轴用卡簧钳　　　　图2-114　孔用卡簧钳

表 2-29　　　　　　　　　卡簧钳配置建议

名　称	规　格	数　量
轴用卡簧钳（直型）	3~10mm	4
	10~25mm	4
	19~60mm	4
	40~100mm	4
	85~140mm	4

续表

名　称	规　格	数　量
轴用卡簧钳（90°）	3~10mm	4
	10~25mm	4
	19~60mm	4
	40~100mm	4
	85~140mm	4
孔用卡簧钳（直型）	8~13mm	4
	12~25mm	4
	19~60mm	4
	40~100mm	4
	85~140mm	4
孔用卡簧钳（90°）	8~13mm	4
	12~25mm	4
	19~60mm	4
	40~100mm	4
	85~140mm	4

五、配管类工具类

配管是每个电站必不可少的一项工作，它包括更换原有的管子、对管子进行维修、更换管子位置等一系列工作。配置这些工器具时，可以从管子的切割、修口、弯管、夹持来考虑配置情况，主要有管子割刀、手工锯、电动切割机、干切锯、等离子切割机、手动弯管器、液压弯管器、手工管子修边器、电动坡口机、焊管钳、管子支架、电焊机等。常用的工器具不作专门介绍，本书只介绍几款比较实用和好用的工器具。

1. 切割类工具

管子切割刀（如图 2-115 和图 2-116 所示），可以快速切割细管、薄管，但是在一些较厚的管子切割时，需用到重型管子切割刀，在使用切割刀时需注意其适合切割的直径。

管子双金属手工锯条，它可比较轻松的手工切割钢材、不锈钢、木材等材料，它比传统钢锯条耐用 10 倍以上，最重要的是它不会蹦断，可以在机组内部使用，不会对机组和人员造成不安全的因素。手工锯如图 2-117 所示。

电动干切锯，是一款切割钢材、木材、有色金属、不锈钢的锯子，最重要的是不会产生切割火花，所以在一些重要防火场所尤为重要。干切锯如图 2-118 所示。

图2-115　薄壁管子割刀

图2-116　重型管理割刀

图2-117　手工锯

图2-118　干切锯

2. 弯管器

顾名思义, 弯管器用于弯管, 电站经常用到的主要有手动弯管器和液压弯管器两种, 如图 2-119 和图 2-120 所示。三脚架如图 2-121 所示。

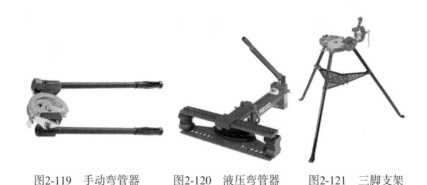

图2-119　手动弯管器　　　图2-120　液压弯管器　　　图2-121　三脚支架

3. 管子修边器

管子修边器主要用于管子切割后, 对切口进行修边, 方便焊接, 如图 2-122 ~ 图 2-124 所示。

图2-122　管子修边器　　　图2-123　手持坡口机　　　图2-124　自动坡口机

4. 焊管钳

通过使用焊管钳, 不需要人为的用手扶固定管子, 一个人就可以轻松在现场进行焊接配管。如图 2-125 ~ 图 2-127 所示。

图2-125　直焊管钳　　　图2-126　弯焊管钳　　　图2-127　法兰焊管钳

配管类工器具配置建议见表 2-30。

表 2-30　　　　　　　　　配管类工器具配置建议

名　称	规　格	数　量
薄壁管子割刀	6~65mm	3
重负荷管子割刀	10~60mm	3
	60~114mm	3
手工锯	300mm	20
电动干切锯	14" 合金锯	2
电动切割机	220V、355mm	3
	380V、400mm	1
等离子切割机	220V、200A	1
	380V、400A	1

续表

名　称	规　格	数　量
手动弯管器	6~16mm	1
	10~24mm	1
	12~38mm	1
	16~56mm	1
液压弯管器	3/8"~4"	1
三脚管子支架	3~152mm	1
直焊管钳	21~219mm	2
直角焊管钳	21~324mm	2
弯形焊管钳	76~219mm	2
法兰焊管钳	76~219mm	2
手工管子修边器	内外角	5
电动坡口机	220V、45°、60°	2

六、钳工类工器具

钳工类工器具主要有锉刀类、手锤类、手工钢锯、錾子类、撬棍、样冲、销钉冲、划线针、钢字码、除胶扁铲、三角刮刀、手动拉马、液压拉马、台虎钳、大力钳、黄油枪等。常用手工钳工类工器具是任何工厂必不可少的，主要区别是每个工厂使用的型号不同。

（一）锉刀类

选择锉刀时主要是根据形状来区分，还有重要的一个指标就是粗细，要根据工况需要选择半圆锉、圆锉、三角锉和方锉，根据加工的材质和要求选择粗细。一般在电气和一些精细的修理整形工作上用什锦锉套装，如图 2-128 ~ 图 2-134 所示。

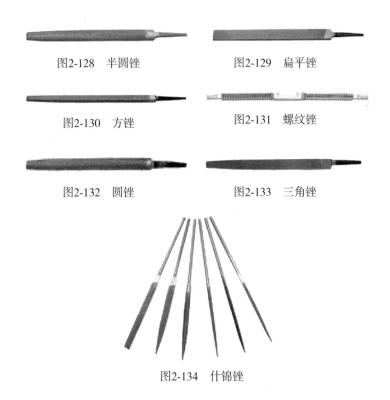

图2-128　半圆锉

图2-129　扁平锉

图2-130　方锉

图2-131　螺纹锉

图2-132　圆锉

图2-133　三角锉

图2-134　什锦锉

（二）锤子类

　　最常用和通用的一般为 4 磅方锤，可以满足一般日常工作需求；紫铜锤一般用在可以安装槽销和敲打要求比较高的工作面；无反弹橡胶锤可以作为装配工作时使用的工具，因为不会反弹，所以不会引起能量损失，同时因为锤头是尼龙或橡胶的，所以可以更好地保护工件不受损伤，是装配工作必不可少的一个工具，如图 2-135~

图 2-140 所示。

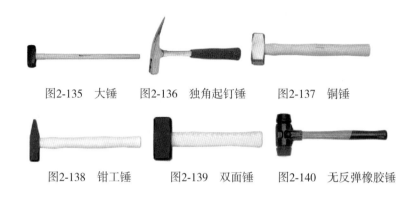

图2-135　大锤　　　　图2-136　独角起钉锤　　　图2-137　铜锤

图2-138　钳工锤　　　　图2-139　双面锤　　　图2-140　无反弹橡胶锤

（三）錾

錾主要有平錾、尖錾和槽錾等这几种，主要用在錾切各种工件表面的毛刺或在工件表面加工出油槽和销槽等，也可以在混凝土、木材等上面使用。选择錾子时要选择带八边形保护帽护手的，这样可以防止在锤击方向发生偏差时不会伤到手，八边形手柄还可以防止工具不会滚落，如图 2-141 ~ 图 2-143 所示。

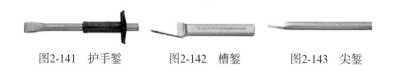

图2-141　护手錾　　　图2-142　槽錾　　　图2-143　尖錾

（四）撬棍

撬棍主要用于拆装工作时，也可以作为安装时调整时使用，工具头部的形状、工具的长短选择不同用于不同的工况。还可以当起钉器在拆包装箱时使用，如图 2-144 ~ 图 2-146 所示。

图2-144　起钉撬棍

图2-145　调整短撬棍

图2-146　长撬棍

（五）玻璃胶类

胶枪主要有硬胶枪和软胶枪两种，硬胶为 300mL 包装的，软胶枪为 500mL 的桶装胶枪。配一些强力铲刀可以用于铲除清理工件表面的各类胶。使用完软胶后要马上及时清理好胶枪，不然等胶固化后胶枪有可能就报废了。玻璃胶枪如同 2-147 所示，桶装玻璃胶枪如图 2-148 所示，强力铲刀如图 2-149 所示。

图2-147　玻璃胶枪

图2-148　桶装玻璃胶枪

图2-149　强力铲刀

（六）其他类

主要有钢字码、拾物器、样冲、销钉冲、虎钳、大力钳、拉铆枪、划针、伸缩检查镜等。

1. 钢字码

钢字码（如图 2-150 所示）主要由数字式和字母式两种形式组成，一般使用数字式就够了，主要用于各种工件的

图2-150　钢字码

永久性标注。在使用时要注意不得在一些有特殊涂层表面或会损伤到工件强度的工件上使用。

2. 拾物器

拾物器在拾取遗落在狭窄部位和狭小空间部位零部件时使用，主要有磁性和爪型两种形式，长短根据需要配备 300、500mm和 700mm 柔性的即可，还可以配两把头部带照明的拾物器，如图2-151 所示。

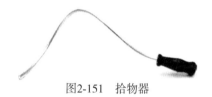

图2-151　拾物器

3. 虎钳、大力钳

虎钳、大力钳主要用于钳工维修时使用，主要配备一些简单方便的大力钳、手虎钳、桌虎钳和台虎钳，不需要配大的固定式虎钳。大力钳如图 2-152 所示，手虎钳如图 2-153 所示，桌虎钳如图 2-154所示，台虎钳如图 2-155 所示。

图2-152　大力钳　　　　图2-153　手虎钳

图2-154　桌虎钳　　　　图2-155　台虎钳

4. 拉铆枪

拉铆枪在铆接连接各种工件时使用，需要可以同时使用铝合金和不锈钢铆钉的铆钉枪。一定要自带收集铆钉功能的，可以防止使用现场铆钉杆到处掉落而造成安全隐患。拉铆枪如图 2-156 所示。

图2-156　拉铆枪

5. 样冲、划针

配置以自动样冲为主、固定样冲为辅，自动样冲可以不使用榔头，只需往下按压就可以自动冲出定位孔，既可以定位准确，又能在狭窄空间中使用，基本取代了传统手锤敲打的样冲。划针是在金属或其他材料进行划线标记的工具，配几把笔式可换针的划针就可以了，这种划针使用方便，像使用自动笔一样，而且使用效果非常好。

6. 销钉冲

销钉冲主要是圆柱式销钉冲，用于拆装各种孔内的圆柱销钉，可以配备带有护手的销钉冲，使用时可以防止手受伤。可以配两套组合式的销钉冲，这样基本就可以满足日常使用需求了。自动样冲如图 2-157 所示，划针如图 2-158 所示，销钉冲如图 2-159 所示。

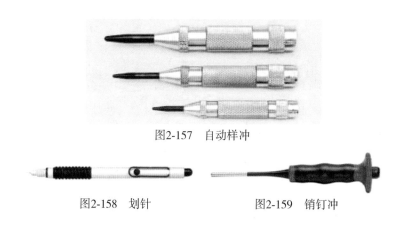

图2-157　自动样冲

图2-158　划针　　　　图2-159　销钉冲

7. 拉马

拉马是机械维修中经常使用的工具，主要用来将损坏的轴承从轴上沿轴向拆卸下来。主要由旋柄、螺旋杆和拉爪构成。有两爪、三爪，主要尺寸为拉爪长度、拉爪间距、螺杆长度，以适应不同直径及不同轴向安装深度的轴承。使用时，将螺杆顶尖定位于轴端顶尖孔调整拉爪位置，使拉爪挂钩于轴承外环，旋转旋柄使拉爪带动轴承沿轴向向外移动、拆除。拉马主要分机械式和液压式两种，机械式的简便，可以用于小型的工作场合，液压拉马用于重型的工作场合。拉马如图 2-160~ 图 2-163 所示。

图2-160　两爪拉马

图2-161　液压拉马

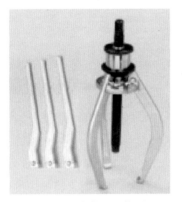

图2-162　内外两用拉马

图2-163　三爪拉马

　　钳工三大件钢锯、锉刀、錾子是最经典的组合，锉刀一般中齿使用比较多一些，因此在配置的时候中齿的配的多一些，什锦锉和组合套装锉维修时候比较方便，建议要配备几套。手锤配备要是钳工锤为主，大锤最好选择几把带木柄的，方便在一些空间不够的位置通过切割手柄以适应现场。钢錾主要是配置尖錾和扁錾两种。撬棍配 1000、500、300mm 3 种规格的即可。

其他钳工类工具可根据现场实际情况合理配置即可。

对钳工类工器具管理注意事项主要是日常的维护和检查工作，因为钳工类工器具使用较多，所以相对损坏也比较多，对日常管理工作要加强，比如日常检查手锤柄是否合格，撬棍、錾子是否有损坏等。其实钳工类工器具看似很简单，但还是有很多人不会正确使用，而且因为不会正确使用受到伤害。一个合格的工人只要看到工作面，就能知道需要用什么样的工具，然后正确地去应用其解决实际问题。钳工工具配置建议见表 2–31。

表 2-31　　　　　　　　钳工工具配置建议

名　称	规　格	数　量
平锉刀（粗）	350、300、250、150mm	3
平锉刀（中）	350、300、250、150mm	5
平锉刀（细）	350、300、250、150mm	3
三角锉刀（粗）	350、300、250、150mm	3
三角锉刀（中）	350、300、250、150mm	5
三角锉刀（细）	350、300、250、150mm	3
半圆锉（粗）	350、300、250、150mm	3
半圆锉（中）	350、300、250、150mm	5
半圆锉（细）	350、300、250、150mm	3
圆锉（粗）	350、300、250、150mm	3
圆锉（中）	350、300、250、150mm	5
圆锉（细）	350、300、250、150mm	3

续表

名　　称	规　　格	数　量
方锉（粗）	350、300、250、150mm	3
方锉（中）	350、300、250、150mm	5
方锉（细）	350、300、250、150mm	3
什锦锉组套	12 件套	2
钳工锉组套	5 件套	2
通用螺纹锉	公英制通用	2
大锤	18 磅	2
	16 磅	2
	8 磅	3
双面手锤	2000g	5
钳工锤	1000、1500、2000g	5
紫铜锤	500、1000、1500g	5
无反弹尼龙锤	1000g	4
双面装配锤	3080g	4
独角起钉锤	600g	4
护手扁錾	26mm × 300mm	5
	50mm × 250mm	5
护手尖錾	300mm	5
扁錾	8mm × 200mm、10mm × 200mm、12mm × 300mm、22mm × 200mm、24mm × 300mm	5
尖錾	14mm × 200mm、16mm × 300mm、18mm × 400mm	5

续表

名　称	规　格	数　量
开槽錾子	5mm×125mm、6mm×150mm、8mm×200mm、10mm×250mm	3
撬棍	1000mm	5
弯头撬棍	500mm	5
调整撬棍	300mm	5
手动样冲	4mm×120mm、5mm×150mm	3
自动样冲	11mm×95mm、14mm×125mm、17mm×130mm	3
皮带冲组套	3~46mm	
销钉冲组套	0.9~16mm	1
划线针	150mm	5
钢字码（数字）	3、5、7mm	1
钢字码（字母）	5mm	1
除胶扁铲（可换刀片）	50mm	5
除胶扁铲	25mm	5
三角刮刀	6mm×150mm、8mm×200mm	2
手动两爪拉马	90、160、250、520mm	1
手动三爪拉马	90、130、160、250mm	1
内外两用拉马	7~140mm	2
手动拉马组套	26~100mm	1
液压拉马	6、10、15t	1
台虎钳	150、200、250mm	1

名　称	规　格	数　量
桌虎钳	100、75、25mm	2
大力钳	200、235、300mm	2
黄油枪	500mL	3
玻璃胶枪	500mL	5
	300mL	5
拾物器	爪型	2
	磁性	2

第三节　电动、风动、液压工器具

一、电动类工器具

电动类工器具是指利用电能作为驱动能源的工具。电动工具的特点是结构轻巧、体积小、质量轻、振动小、噪声低、运转灵活，便于控制与操作，携带使用方便，坚固及耐用。与手动工具相比可提高劳动生产率数倍到数十倍，因此在某些场合已完全取代手动工具。

但电动工器具的使用要严格按照使用说明与操作规程进行，不然会对人或设备造成很大的伤害。电动类工器具的使用和管理都有一套完整的规章制度，使用人和管理人一定要按照规章制度执行，除这些必须执行的规章制度外。使用人还主要有以下几点特别的注意事项：每半年进行一次绝缘安全试验并粘贴合格标签；每次使用时必须亲自检查外观和电源线是否破损；一定要遵守电气工器具使用管理规定；使用前一定要先熟悉该工器具使用说明书；使用电源线盘的时候一定要把所有的电源线扯出后才能使用，以免产生涡流电压发热，烧坏电缆。

电动类工器具按照用途可以分为钻孔类工器具、打磨类工器具、切割类工器具、电焊机、移动电源类工器具、辅助类工器具、充电式电动工器具等。

因为现在很多电动工器具已经被充电锂电池的工器具替代了，所以应该配备一些充电锂电池式的工器具，这样可以方便一些现场没有电源或不能使用电源的场合使用。在采购时尽可能购买工业级的工器具，工业级的工器具更耐用更安全，最重要的是可以更长时间的连续工作。

1. 钻孔类工器具

钻孔类工器具是指在钢材、木材、有色金属、玻璃、瓷砖、砖、混凝土等上进行开孔作业的工器具，在不同的材质上打孔作业不光要选择正确的工器具，还要有正确的使用方法才行，在钢材、有色金属、木材等材料上打孔时，只要选择不同的钻头用电钻类工具就可以，而在砖和混凝土上打孔作业时要选择电锤用冲击钻头作业。针对不锈钢材质要用含钴的钻头，而且手电钻的转速要慢；在有色金属上打孔要选含钛的钻头；普通钢材和木材可以选择高速钢的钻头；在高强锰钢和焊点上打孔要选择合金钢钻头；在玻璃和瓷砖上开孔要选择中空钻头进行；在混凝土和砖、石上打孔则要选择冲击钻头；若需在电气盘柜上开孔，可以选择阶梯钻头和开孔钻头。手电钻如图 2-164 所示，两用电钻如图 2-165 所示，电锤如图 2-166 所示，电镐如图 2-167 所示，磁性台钻如图 2-168 所示，飞机钻如图 2-169 所示，钻孔类工具配置建议见表 2-32。

图2-164　手电钻

图2-165　两用电钻

图2-166　电锤

图2-167　电镐

图2-168　磁性台钻

图2-169　飞机钻

表2-32　　　　　　　　　钻孔类工具配置建议

名　称	规　格	数　量
手电钻（正反转无级调速）	6mm	2
	10mm	2
	13mm	2
两用电钻（冲击、钻孔）	13mm	2
磁性台钻	220V、480B	1
	220V、580B	1
冲击电锤（四坑二刃）	800W	1
	1300W	1

续表

名　称	规　格	数　量
冲击电锤（五坑二刃）	1100W	1
	1500W	1
电镐	2000W	1
	2500W	1
阶梯钻头组套（hss）	0~61mm	1
高速钢开孔钻头组套	19~76mm	1
硬质合金开孔钻头	18~64mm	1

2. 打磨类电动工器具

打磨类电动工器具最常用的工具是角向磨光机，角向磨光机既可以打磨抛光又可以切割除锈，算是个多面手，可以通过更换不同的打磨片就可以完成不同的工作。径向直磨机可以完成狭小空间或需精磨的地方使用，一般使用的磨头有金属的、砂和纸质几种，形状有尖形的、球头的、圆柱和圆锥形等，纸磨头有40、60、80目等，根据实际需要配置磨头的形状和数量。

使用打磨类工器具时要做好个人防护工作，比如佩戴防护眼镜、耳罩等。角向磨光机如图 2-170 所示，径向直磨机如图 2-171 所示，电动砂光机如图 2-172 所示，台式砂轮机如图 2-173 所示。打磨类电动工具配置建议见表 2-33。

图2-170　角向磨光机

图2-171　径向直磨机

图2-172　电动砂光机

图2-173　台式砂轮机

表 2-33　　　　　　　　　打磨类电动工具配置建议

名　称	规　格	数　量
高频打磨机	200Hz	1
高频变频电源	200Hz	1
角向磨光机	100mm、900W	3
	125mm、1100W	4
	150mm、1500W	2

续表

名　称	规　格	数　量
电动直磨机	6mm、长 371mm	3
	6mm、长 264mm	3
台式砂轮机	220V、300mm	1
电动砂光机	220V、400mm	1

3. 切割类电动工器具

切割类电动工器具主要是指切割木材、金属等的工器具，不同的锯条有不同性能，在切割不同材料的时候要选择合适的锯条。切割时要防止锯条突然断裂伤人，要做好个人防护工作。曲线锯如图 2-174 所示，马刀锯如图 2-175 所示，电链锯如图 2-176 所示，电圆锯如图 2-177 所示，手提切割机如图 2-178 所示，型材切割机如图 2-179 所示。切割类工器具配置建议见表 2-34。

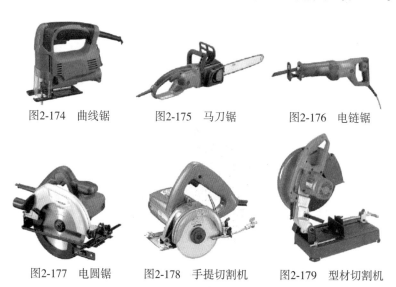

图2-174　曲线锯　　　　图2-175　马刀锯　　　　图2-176　电链锯

图2-177　电圆锯　　　图2-178　手提切割机　　　图2-179　型材切割机

表 2-34　　　　　　　切割类工器具配置建议

名　称	规　格	数　量
电动曲线锯	650W	2
电动马刀锯	32mm、1150W	1
电链锯	405mm	1
电圆锯	250mm	1
	400mm	1
手提切割机	130mm	1
型材切割机	350mm	1
石材切割机	120mm	1

4. 电焊机

抽水蓄能电站检修过程中经常会有焊接工作，主要分为电焊和氩弧焊大类，需要配置一定数量的电焊机以及氩弧焊机。电焊机如图 2-180 所示。

焊接工作需要遵守相应的规定，各单位可根据实际情况制定电

图2-180　电焊机

焊机使用的相关规定，见附录 B。电焊机配置建议见表 2-35。

表 2-35　　　　　　　　　　电焊机配置建议

名　称	规　格	数　量
直流弧电焊机	便携式 220V、200A	2
	380V、400A	2
氩弧焊机	220V、200A	2
	380V、400A	2
焊条保温桶	400mm	3

5. 移动电源工器具

移动电源工器具是电动工器具的重要辅助工具，移动电源的使用重要的是安全问题和现场适配的问题。每个电源线架都必须配备漏电保护器，最好要有过载过热保护的，使用的工器具功率不可超出电源线架的额定功率，大功率的电器不得使用电源线架，使用时一定要把所有电线全部拉出线盘，每半年进行一次绝缘试验和漏电保护器测试检验，每次使用时一定要先试验漏电保护器是否正常。10A 电源线盘如图 2-181 所示，16A 电源线盘如图 2-182 所示，防爆电源线盘如图 2-183 所示。移动电源配置建议见表 2-36。

图2-181　10A电源线盘　图2-182　16A电源线盘　图2-183　防爆电源线盘

表 2-36   移动电源配置建议

名　称	规　格	数　量
电源线架（10A 三脚）	220V、10m	3
	220V、30m	3
	220V、50m	3
电源线架（16A 三脚）	220V、30m	3
电源线架（16A 三脚防爆）	220V，30m	3
	220V，50m	3
电源线架（32A 四脚防爆）	220V，380V，30m	2
电源线架（64A 三脚防爆）	220V，380V，30m	2

6. 辅助类电动工器具

辅助类电动工器具主要是一些完成辅助工作的工具，比如清扫、接线、照明等，如图 2-184~ 图 2-191 所示。辅助类电动工器具配置建议见表 2-37。

图2-184　吸尘器（一）

图2-185　吸尘器（二）

图2-186　热风枪　　　　图2-187　熔胶枪　　　　图2-188　电烙铁

图2-189　调温烙铁台　　图2-190　防爆行灯　　图2-191　吹风机

表 2-37　　　　　　　　辅助类电动工器具配置建议

名　称	规　格	数　量
吸尘器（工业级）	220V、1200W	4
	220V、2700W	4
电动起子机（正反无级调速）	1/4"（6mm）	2
电动起子机	220V、600W	2
热风枪	220V、2000W	2
电吹风	220V、1500W	2
电烙铁	1000W	1
	500W	1
	75W	1
	30W	3

续表

名　称	规　格	数　量
电烙铁	25W	3
自调温烙铁台	0~400℃	1
防爆行灯	12V	5
	24V	5
磁性检修灯	12V	5

7. 充电式电动工器具

充电式电动工器具在工作现场无电源或布线不方便的地方使用，它有使用自由方便，而且安全等优点，但电池受续航能力限制，而且功率不够大，因此还是不可能取代传统的电动工器具。可以配置一些常用的充电工具，如充电螺丝刀、扳手、磨光机、曲线锯等。充电螺丝刀如图2-192所示，充电扳手如图2-193所示，充电磨光机如图2-194所示，充电曲线锯如图2-195所示。充电电动工具配

图2-192　充电螺丝刀

图2-193　充电扳手

图2-194　充电磨光机

图2-195　充电曲线锯

置建议见表 2-38。

表 2-38　　　　　充电电动工具配置建议

名　称	规　格	数　量
充电式螺丝刀	LI12V	10
充电式电动扳手	36V	10
充电式曲线锯	18V	2
充电式电锤	36V	2
充电式磨光机	24V	2
充电式马刀锯	36V	2
充电式手电钻	24V	2
充电式黄油枪	24V	2
油链锯	405mm	2

电动工器具在使用时应注意相关安全注意事项，可参照附录 C。

二、风动类工器具

风动类工器具也称气动工器具，主要是指由气源提供动力的工器具，风动工器具相比电动工器具安全性更高，风动工器具输出比液压小、运动较快、适应性强，可在易燃、易爆、潮湿、冲击的恶劣环境中工作，不污染环境，工作寿命长，构造简单，便于维护，价格低廉。

抽水蓄能电站风动类工器具主要是在一些有绝缘要求或金属空间内的场合，比如转轮气蚀修补、压力容器内部除锈、风洞内的打磨工作以及螺栓拆装工作。因此，抽水蓄能电站配置适量的磨光机、风动扳手以及吹扫气枪即可。

风动类工器具使用注意事项如下：

（1）一定要在工器具的规定压力值范围内使用。

（2）气源一定要通过连接器后才能接入工具，保证空气的干燥和润滑。

（3）工作结束后要注入一些润滑油进行保护处理。

风动直磨机如图 2-196 所示，风动扳手如图 2-197 所示，喷枪如图 2-198 所示，吹气枪如图 2-199 所示，空气压缩机如图 2-200 所示，三联件如图 2-201 所示，气管如图 2-202 所示，多口分配器如图 2-203 所示。风动工具配置建议见表 2-39。

图2-196　风动直磨机

图2-197　风动扳手

图2-198　喷枪

图2-199　吹气枪

图2-200　空气压缩机

图2-201　三联件

图2-202　气管

图2-203　多口分配器

表 2-39　　　　　　　　　风动工具配置建议

名　称	规　格	数　量
风动直磨机（长）	18000r / min	4
风动直磨机（短）	18000r / min	4
风动角向磨光机	125mm	4
风动扳手	1/2"	4
	3/4"	4
	1"	4
风动三联件	全能	5
吹气枪		5
喷枪		5
气管（快速接头）	13mm	50m
	10mm	50m
高频打磨机	200Hz	1
高频变频电源	200Hz	1

三、液压工具

抽水蓄能电站常用的液压工具主要有液压扳手、液压螺栓拉伸器及液压千斤顶（液压千斤顶作为起重工具，将在本章第四节中介绍）。

1. 液压扳手（液压力矩扳手）

液压扳手是一种使用范围很广的工具，它输出力矩大、精度高，还可以随意控制输出扭矩值。目前常用的是液压扭矩扳手套件，一般由液压扭矩扳手本体、液压扭矩扳手专用泵站以及双联高压软管和高强度重型套筒组成。

　　液压扭矩扳手有驱动式液压扭矩扳手和中空式液压扭矩扳手两大系列。驱动式液压扭矩扳手靠驱动轴带动相应规格套筒来实现螺母的预紧，只要扭矩范围允许的情况下，可根据替换相应的高强度套筒来完成不同规格的螺栓拆装，为通用型液压扭矩扳手，适用范围较广。中空式液压扭矩扳手则配备过渡套使用，一般在螺杆伸出来比较长、空间范围比较小、双螺母、螺栓间距太小、螺母与设备壁太小或者一些特定的行业的疑难工况使用较多。方头驱动液压扳手如图 2-204 所示，电动液压泵组如图 2-205 所示，中空液压扳手如图 2-206 所示。

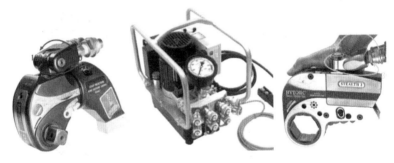

图2-204　方头驱动液压扳手　　图2-205　电动液压泵组　　图2-206　中空液压扳手

　　由于各单位主要螺栓力矩不同，所以需要的液压扳手型号也有区别，各单位可根据实际情况进行配置。同时制定相关使用注意事项，参照附录 D。

　　2. 液压螺栓拉伸器

　　液压螺栓拉伸器作为一种专用螺栓拆装工具，是通过测量螺栓的拉伸量来计算锁紧值的，主要是在一些热拆热装的螺栓上面使用。液压拉伸器如图 2-207 所示。

　　因为每套液压拉伸器只能对应一个规格的螺栓尺寸，所以能用性比较差，而且工具的重量和体积都较大，使用不太方便，重要的是无法保证螺栓的紧固精度，对螺母采取加热拆装，对螺栓的损伤较大，螺栓容易发生咬死现象，现在慢慢被一种塔形超级螺母加无作用力臂的液压扳手替代了。塔形螺母的特点是结构紧凑、节省空间，用一部无反作用力臂的液压扳手就可以进行拆装，无需加热，真正实现冷拆冷装，保证螺栓载荷精度高于 7%，对螺母的保护起到了积极作用，极大地提高了螺母的使用寿命和设备安全，螺栓不会有咬死现象发生，缺点是螺母的价格偏高，现在只在一些重点部位使用。塔形螺母如图 2-208 所示。

图2-207　液压拉伸器

图2-208　塔形螺母

第四节　起重工器具

　　起重工器具作为重要的安全工器具，其日常管理和使用都有严格的规定，起重工器具由专门的起重工具间专人保管和管理。起重工器具主要有钢丝绳、吊带、吊环、卸扣、U 形夹、滑轮、葫芦、千斤顶等。

一、钢丝绳、吊带

钢丝绳、吊带是起重工器具必不可少和使用频率最高的起重工器具，也是重要的安全类工器具。钢丝绳、吊带使用范围较为广泛，几乎任何起重作业都需要使用。钢丝绳如图2-209所示，吊带如图2-210所示。

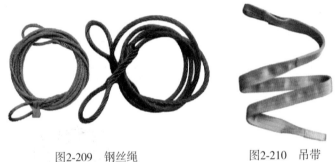

图2-209　钢丝绳　　　　　　　　图2-210　吊带

钢丝绳、吊带购买时需找具有国家生产许可的厂家，和持有合格证的最近出厂日期的产品。应粘贴合格标签，钢丝绳、吊带每年到期后抽取同批次的样品送国家许可的检测机构进行安全试验检测，并由其出具合格试验报告。在使用前必须认真检查一遍外观是否存在安全隐患、荷载能力是否满足要求。

专用的钢丝绳、吊带一般在机组安装时就已经配置好。其他常用的钢丝绳、吊带最好一批次一批次地购买，因为每年会在同一批次里抽取部分样品作一次破坏安全试验，如果不是同批次需做多次破坏性试验，会造成不必要的浪费。

由于钢丝绳和吊带是最常用的起重工具之一，每个厂实际情况不一样，可以根据各厂的情况配置，配置建议见表2-40。

表 2-40　　　　　　　　　钢丝绳、吊带配置建议

名　称	规　格	数　量
双环钢丝绳	1t × 1m	4
	1t × 3m	4
	1t × 5m	4
	1t × 8m	4
	2t × 3m	4
	2t × 5m	4
	2t × 8m	4
	2t × 10m	4
	3t × 3m	4
	3t × 5m	4
	3t × 8m	4
	5t × 5m	4
	5t × 8m	4
	5t × 10m	4
	10t × 5m	4
	15t × 5m	4
双环吊带	1t × 1m	4
	1t × 3m	4
	1t × 5m	4
	1t × 8m	4
	2t × 3m	4
	2t × 5m	4

续表

名　称	规　格	数　量
	2t × 8m	4
	2t × 10m	4
	3t × 3m	4
双环吊带	3t × 5m	4
	3t × 8m	4
	5t × 5m	4
	5t × 8m	4
	5t × 10m	4

二、吊环、卸扣、U形夹、滑轮

吊环、卸扣、U 形夹、滑轮使用范围大，任何需要起重作业的地方都需要使用，如图 2-211~ 图 2-215 所示。

吊环、卸扣、U 形夹、滑轮购买时需找具有国家生产许可的厂家，和持有合格证的最近出厂日期的产品。应粘贴合格标签，同钢

图2-211　U形夹头　　　　图2-212　吊环　　　　图2-213　卸扣

图2-214　单滑轮　　　　　图2-215　双滑轮

丝绳、吊带一样，每年到期后抽取同批次的样品送国家许可的检测机构进行安全试验检测。

使用前必须从专门的起重工具间借用吊环、卸扣、U 形夹、滑轮，不得使用来历不明的起重工器具，使用前也都必须自己认真检查一遍是否存在安全隐患和是否拿错工具超出使用范围。由于专用的吊环、卸扣、U 形夹、滑轮要做好日常维护和检查工作，所以要做好专用的起重工器具的日常维护保养工作。吊环、卸扣、U 形夹、滑轮配置建议见表 2-41。

表 2-41　　　　　　　吊环、卸扣、U 形夹、滑轮配置建议

名　称	规　格	数　量
吊环	1t	10
	2t	10
	3t	10
	4t	10

续表

名　称	规　格	数　量
吊环	5t	10
	6t	10
	7t	10
	8t	10
	9t	10
	10t	10
卸扣	1t	10
	2t	10
	3t	10
	5t	10
	7t	10
	10t	10
U 形夹	M5	10
	M6	10
	M8	10
	M10	10
	M12	10
单滑轮	0.5t	5
	1t	5
	2t	5
	3t	5
	5t	5
	10t	5

续表

名　称	规　格	数　量
双滑轮	1t	5
	2t	5
	3t	5
	5t	5
	10t	5

三、葫芦

手拉葫芦是最常用的起重工器具，也是非常重要的安全工器具之一。手拉葫芦如图 2–216 所示，电动葫芦如图 2–217 所示。

图2-216　手拉葫芦

图2-217　电动葫芦

日常使用必须注意以下几点：

（1）使用手拉葫芦和电动葫芦前必须进行外貌检查，确认葫芦结构完整、无损坏等现象。

（2）葫芦运转部分灵活、安全可靠，转动正常。

（3）充油部分有油，防止发生干磨、跑链等不良现象。

（4）吊挂葫芦的绳子、支架、横梁等，应绝对稳固、可靠。

（5）葫芦吊挂后，应先将手拉链反拉，让起重链条倒松，使之有最大的起重距离，然后慢慢拉紧起吊物件。

（6）接近泥沙工作的葫芦，应采取垫高措施，避免泥沙带进转动轴承内，影响使用寿命。

（7）在使用前，应进行静负荷和动负荷试验。检查制动器的制动片上是否粘有油污，各触点均不能涂润滑油或用锉刀锉平。严禁超负荷使用。不允许倾斜起吊或作为拖拉工具使用。

（8）操作人员操作时，应随时注意并及时消除钢丝绳在卷筒上脱槽或绕有两层的不正常情况。盘式制动器检查需将重物吊起后不下滑即可，其制动距离在最大负荷时不得超过 80mm。

（9）使用 3 个月以上的葫芦，须进行拆卸检查、清洗和注油，对于缺件、失灵和结构损坏等，一定要修复后才能使用。

手拉葫芦作为起重工器具，由于其操作简单，使用方便而被广泛应用在日常工作中，配置建议见表 2-42。

表 2-42　　　　　　　　链条葫芦配置建议

名　称	规　格	数　量
手拉葫芦	$0.5t \times 5m$	4
	$1t \times 5m$	4
	$1t \times 5m$	4
	$2t \times 5m$	4

续表

名　称	规　格	数　量
手拉葫芦	2t×8m	4
	3t×4m	4
	5t×5m	4
	8t×5m	2
	10t×8m	2
	15t×5m	1
电动葫芦	根据各厂实际情况配	22

四、千斤顶

千斤顶是起重工器具的重要工具之一，主要分为液压千斤顶和螺旋千斤顶，液压千斤顶又分为一体式和分体式千斤顶，分体式根据驱动动力源的不同，又分为手动型和电动型。螺旋千斤顶是利用螺旋升程传递动力，不停地拧螺母，螺栓就会伸出去、缩回来，是纯粹的机械运动，液压千斤顶通常通过油压作为动力源。螺旋千斤顶如图 2-218 所示，一体式液压千斤顶如图 2-219 所示，中空式液压千斤顶如图 2-220 所示，分体式液压千斤顶如图 2-221 所示，手动液压泵如图 2-222 所示，电动液压泵如图 2-223 所示。

千斤顶被广泛应用在日常各个工作场合中，在搬运、支撑、装配、拆卸中起到不可替代的作用，一些特殊位置还必须使用特殊规格的千斤顶，比如中空的、扁平的等。

千斤顶作为重要的起重工器具之一，也属于重要的安全管理工器具，有专门的使用管理制度，要由专人进行专项管理，每年一次

图2-218　螺旋千斤顶

图2-219　一体式液压千斤顶

图2-220　中空式液压千斤顶

图2-221　分体式液压千斤顶

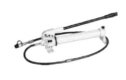

图2-222　手动液压泵

图2-223　电动液压泵

送有关检测单位进行检测试验，必须粘贴合格标签才能使用，使用者一定要严格按其操作规程进行使用。千斤顶配置建议见表 2-43。

表 2-43　　　　　　　　　千斤顶配置建议

名　称	规　格	数　量
分体式中空液压千斤顶	20t	4
	60t	4
分体式扁平液压千斤顶	100t	1
分体柱式液压千斤顶	100t	1
	5t	4
一体式液压千斤顶	1t	4
	2t	4

续表

名　称	规　格	数　量
一体式液压千斤顶	5t	4
	10t	4
	15t	4
	20t	4
螺旋千斤顶	5t	4
	10t	4
	15t	4
	20t	4
	25t	4
	30t	4
手动液压泵	5t	4
电动液压泵	220V	4

注　用于起吊球阀、顶盖等大型设备钢丝绳以及用于吊定转子一类工器具，在机电安装时均已配置，各单位可根据实际情况进行配置。

第五节　测量工器具

一、仪器仪表类

仪器仪表是提供检测、计量、监测和控制的设备，仪器仪表是供人类获取信息、发现问题、解决问题的重要工具。随着激光技术、电子学技术、自动化技术、精密机械技术、计算机及软件技术的飞速发展，以及新材料、新工艺的不断出现，不仅充实和丰富了仪器仪表工程学科领域的基础，而且拓宽和发展了本学科的研究领域，使得仪器仪表向精密化、自动化、智能化、集成化、微型化和多功能方向发展。

1. 电气测量类

这里介绍的只是最普通必须配备的一些测量设备，一些专用的试验设备不在这里介绍了，因为一些大型的试验设备本身价值比较高，使用频率又不高而且很多检测是请有资质的外单位做的，并且日常的管理还特别麻烦，所以不建议配备这些大型的试验仪器。

常用普通常用电气工器具主要有数字万用表、指针式万用表、钳形电流表、数字式绝缘电阻表、机械式绝缘电阻表、测振仪、测距仪、激光标线仪、转速仪、测温仪、手持压力核验泵、绝缘检测仪等。数字式万用表如图 2-224 所示，指针式万用表如图 2-225 所示，钳形电流表如图 2-226 所示，数字式绝缘电流表如图 2-227 所示，机械式绝缘电阻表如图 2-228 所示，漏电保护测试仪如图 2-229 所示，寻线仪如图 2-230 所示，电容表如图 2-231 所示，相序表如图 2-232 所示，示波器如图 2-233 所示，直流电阻测试仪如图 2-234 所示，电气测量类仪器配置建议见表 2-44。

图2-224 数字式万用表　　图2-225 指针式万用表　　图2-226 钳形电流表

图2-227　数字式绝缘电阻表　　　图2-228　机械式绝缘电阻表

图2-229　漏电保护测试仪　　　图2-230　寻线仪　　　图2-231　电容表

图2-232　相序表　　　图2-233　示波器　　　图2-234　直流电阻测试仪

表 2-44　　　　　　　　　　电气测量类仪器配置建议

名　称	规　格	数　量
数字式万用表	1000V	20
指针式万用表	1000V	10
钳形电流表	0~500mA	10
	0~100A	10
	0~200A	10

续表

名　　称	规　　格	数　　量
数字式绝缘电阻表	1000V	5
	5000V	5
机械式绝缘电阻表	500V	5
绝缘检测仪		1
自动变比测量仪		1
漏电测试仪	220V、380V	5
验电笔	250V	20

2. 其他测量类

其他测量类主要包含测温、振动、噪声、气体含量等一系列仪器仪表，其中测温仪及气体含量测试仪使用较多，可适当多配置一些，其他仪器可根据现场实际工作合理配置即可。激光标线仪如图 2-235 所示，测温仪如图 2-236 所示，便携压力校验仪如图 2-237 所示，测厚仪如图 2-238 所示，测振仪如图 2-239 所示，工业内窥镜如图 2-240 所示，墙体探测仪如图 2-241 所示，噪声计如图 2-242 所示，转速仪如图 2-243 所示，含氧量测试仪如图 2-244 所示，可燃气体测试仪如图 2-245 所示，测距仪如图 2-246 所示，数字式计数器如图 2-247 所示，数字式压力表如图 2-248 所示。

仪器仪表作为工器具也是计量的一种设备，所以使用和管理要按计量仪器仪表来处理，一年要送有关单位进行一次检测校准，配置建议见表 2-45。

图2-235 激光标线仪

图2-236 测温仪

图2-237 便携压力校验仪

图2-238 测厚仪

图2-239 测振仪

图2-240 工业内窥镜

图2-241 墙体探测仪

图2-242 噪声计

图2-243 转速仪

图2-244 含氧量测试仪

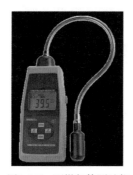
图2-245 可燃气体测试仪

图2-246 测距仪

图2-247 数字式计数器

图2-248 数字式压力表

表 2-45 其他仪器仪表配置建议

名 称	规 格	数 量
测温仪	-50~500℃	10
测振仪	VM-83	1
测距仪	0~200m	5
激光标线仪	五线	10
转速仪	0~2000r/min	1
手持压力校验泵	0~30MPa	2
绝缘检测仪		1
自动变比测量仪		1
数字式压力表	0~10MPa	10

续表

名　称	规　格	数　量
数字计数器	0~500 次	5
力矩测试仪	0~3000N·m	10
工业内窥镜	5.5mm	1
金属探测器	120mm	2
涂层测厚仪	0~3000μm	2
可燃气体探测仪	10~1000mg/m³	2
含氧量测试仪	5%	5
硬度测试仪	0~1000HB	1

二、量器具类

量器具是指能用以直接或间接测出被测对象量值的装置、仪器仪表、量具和用于统一量值的标准物质。计量器具广泛应用于生产、维修等各方面。把测量的仪器仪表归到仪器仪表类工器具中进行描述，不在这里作重复介绍了；水工测量类的仪器设备也不在本书中介绍，这里主要是介绍手工测量类的工器具。主要有扭矩扳手、百分表、游标卡尺、深度游标卡尺、深度千分尺、外径千分尺、内径千分尺、内卡规、外卡规、塞尺、牙规、钢卷尺、钢直尺、布卷尺。

量器具类工器具的配置要根据现场使用情况，对经常用到的测量工具进行配置即可，以免造成不必要的损失。

量器具类工器具主要应用在设备测量和计量等方面。对原设备零部件进行测量，为新加工部件提供数据支持，对设备某些部位进行测量或测试来确定机组设备是否损坏。

1. 力矩扳手类

力矩扳手也称扭矩扳手，一般有表盘式、数字式、响声式、自弯式、可调预设扭矩扳手、定扭矩扳手等几种。力矩扳手还有一个重要指标就是力矩精度，有 2%、3%、5%、10% 等几种。需要注意的是，力矩扳手属于精密测量工具，应当在螺栓打紧后勇于测量，但很多人把扭矩扳手当作拆卸螺栓的工具来使用，容易造成力矩扳手损坏，或是造成测量精度不准确，造成螺栓预紧力不准。

各电站对应本厂几个固定值的力矩，配置相应的力矩扳手，同时可以配置一套扭力放大器用以解决大扭矩值的工作。预制式力矩扳手如图 2-249 所示，响声式力矩扳手如图 2-250 所示，定扭矩扳手如图 2-251 所示，折弯式力矩扳手如图 2-252 所示，扭矩倍增器如图 2-253 所示，表盘式力矩扳手如图 2-254 所示。力矩扳手配置建议见表 2-46。

图2-249　预制式力矩扳手　　图2-250　响声式力矩扳手　　图2-251　定扭矩扳手

图2-252　拆弯式力矩扳手　　图2-253　扭矩倍增器　　图2-254　表盘式力矩扳手

表 2-46　　　　　　　　　　力矩扳手配置建议

名　称	规　格	数　量
指针式力矩扳手	0~50N·m	1
	0~100N·m	1
预制可调力矩扳手	0~10N·m	1
	10~50N·m	1
	20~100N·m	1
	70~350N·m	1
	120~600N·m	1
	160~800N·m	1
	200~1000N·m	1
	300~1500N·m	1
	750~1800N·m	1
	1800~3000N·m	1
定扭矩力矩扳手	按实际需要定	1
扭力放大器	1000~10000N·m	1

2. 长度测量类

长度测量类量器具主要是以测量工件的长短、深度、直径等为目的的工器具，使用这类工器具一定要仔细，要多次测量比对最后才能确定测量结果。使用一定要轻拿轻放，用完一定要清洁干净后放入专用存放盒内收藏。对不合格的量器具要及时报废，不得与正在正常使用的工具放在一起保管。

长度测量类量器具主要有游标卡尺、内径千公尺、外径千尺、深度游标尺、深度千分尺、钢直尺、钢卷尺等，如图 2-255~ 图 2-265 所示。长度测量类量器具配置建议见表 2-47。

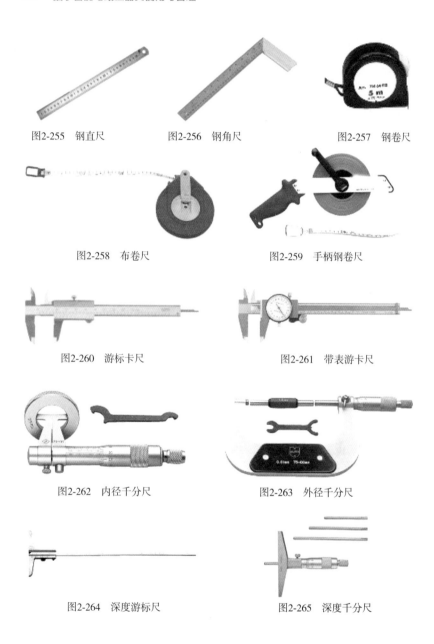

图2-255　钢直尺　　　　　图2-256　钢角尺　　　　　　　图2-257　钢卷尺

图2-258　布卷尺　　　　　　　图2-259　手柄钢卷尺

图2-260　游标卡尺　　　　　　　图2-261　带表游卡尺

图2-262　内径千分尺　　　　　　图2-263　外径千分尺

图2-264　深度游标尺　　　　　　图2-265　深度千分尺

表 2-47   长度测量类量器具配置建议

名　称	规　格	数　量
钢角尺	300mm	2
	500mm	5
	300mm	5
	150mm	5
钢卷尺	10m	3
	5m	5
	3m	10
布卷尺	30m	3
	50m	3
	100m	1
数字式游标卡尺	0~200mm	2
带表游标卡尺	0~150mm	3
	0~200mm	3
普通游标卡尺	0~200mm	2
	0~500mm	1
深度游标尺	0~300mm	3
深度千分尺	0~100mm	2
	0~150mm	2

续表

名　称	规　格	数　量
外径千分尺	0~25mm	2
	25~50mm	2
	50~75mm	2
	75~150mm	2
	150~250mm	1
	250~275mm	1
	275~350mm	1
	350~500mm	1
	500~750mm	1
	750~1200mm	1
内径千分尺	10~50mm	2
	50~75mm	2
	75~150mm	2
	150~250mm	1
	250~275mm	1
	275~350mm	1
	350~500mm	1
	500~750mm	1
	750~1200mm	1
内卡环	0~500mm	2
外卡环	0~500mm	2

3. 位置测量类工器具

位置测量类工器具主要是以测量位置、间隙为目的的工器具，在使用这类工器具时一定要用正确的使用方法，使用工器具前一定要确认工器具是否合格，测量时一定要仔细，测量要多次比对才能确认测量结果。

位置测量类工器具主要有百分表、合像水平仪、框式水平仪、条式水平仪、角尺、塞尺、线锤等，如图 2-266~ 图 2-271 所示。位置测量类工器具配置建议见表 2-48。

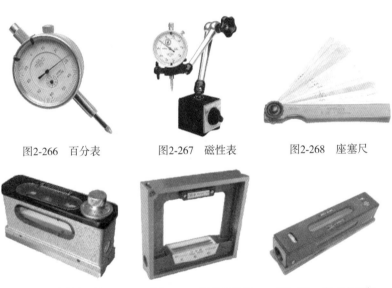

图2-266　百分表　　　　图2-267　磁性表　　　　图2-268　座塞尺

图2-269　合像水平仪　　　图2-270　框式水平仪　　图2-271　条式水平仪

表 2-48   位置测量类工器具配置建议

名　称	规　格	数　量
百分表	0~10mm	10
百分表	0~50	20
磁性表座	ZA~50	10
空气间隙测杆	25~75mm	1
合像水平仪	200mm	1
框式水平仪	300mm×300mm	1
条式水平尺	150mm	1
磁性水平尺	1000mm	2
	500mm	2
塞尺	500mm	5
	300mm	10
	150mm	10
	100mm	10
线锤		2

4. 其他测量类

其他测量类工器具包括焊缝规、牙规、内窥镜、弹簧秤等，如图 2-272 ~ 图 274 所示。其他测量类工器具配置建议见表 2-49。

图2-272 牙规

图2-273 焊缝规

图2-274 弹簧秤

表 2-49　　　　　　　其他测量类工器具配置建议

名　称	规　格	数　量
牙规（公制）	0.25~6mm	3
牙规（英制）	4~62 牙 / in	2
焊缝规	0~20mm	1
数显焊缝规	0~20mm	1
内窥镜		5
放大镜		5
弹簧秤	0~10kg	2
电子台秤	0~30kg	1
电子地秤	0~150kg	1

第六节　专用和特殊类工器具

抽水蓄能电站专用和特殊工器具类是大家智慧和勤劳的结晶，往往一个小小的改造或一个小工具的创造，就可大大地提高生产效率和降低机组设备和人员的安全风险。由于每个单位的机组设备存在一定的差异性，所以每个工厂不可能照搬照抄的，本书只提供几个参考，具体需根据现场实际检修项目制作。在制作专用类工具时可以从以下几个方面去考虑，第一类是根据检修项目，将常用的工器具进行组合配置，方便检修工作统一借还；第二类是根据现场情况，采用特定的工器具，可以满足同类工作的要求；第三类是根据特殊的检修项目，采用常规的工器具检修会非常复杂而研制出来的专用工器具。

一、组合类工器具

组合类工器具本身不具有特殊性，就是根据各个电站常见的检修内容用到的工器具进行整理，将其存放在定制的箱子内，比如机组的定检工作，可以定制水轮机和发电机专用工器具两套，高压电气设备维护的专用工器具等。这种定制式的工器具的优点是，不需要为工器具的借还花费时间，可以大大节约工作时

图2-275　机组定检工具箱

间，最重要的原因是每个工具都有特定的位置，所以便以收存和及时发现是否有工具遗失，可以大大降低机组设备因遗留工具而造成的风险。机组定检工具箱如图 2-275 所示。

二、特定类工器具

特定类工器具跟特定专用工器具一样，也是针对现场工作过程中出现的问题，而制作或是从市面上采购回来的工具，与特定专用工器具不同的是，这类工器具应用范围相对较广。

如运行操作锁具中的圆盘锁、球阀专用锁、空开专用锁等，通过这类锁的使用，可以确保机组设备隔离可靠，保障工作人员安全。如图 2-276 ~ 图 2-278 所示。

图2-276　球阀锁

图2-277　圆盘锁

图2-278　空开锁

三、定制专用工器具

这类工器具主要是针对现场检修情况，专门研制出针对某项特定工作而制作的专用工器具，可以更好更快地解决问题。

通过液压升降台、支撑螺杆实现垂直方向上下调节，可适应不同的阀门拆装高度；固定槽内部加装有橡胶垫，起到固定支撑阀门和防止阀门外观损坏的作用；底部加装可转动圆盘，可满足不同方向的管路。阀门拆卸小车如图 2–279 所示。

撑阀门和防止阀门外观的损坏的作用；底部加装可转动圆盘，可满足不同方向的管路。

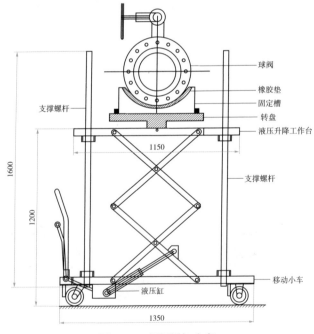

图 2-279　阀门拆卸小车

第三章

智慧工器具管理系统

第一节　工器具房

　　工器具房设计建立是智慧工器具管理系统的根本，一个好的工器具房设计首先要考虑位置，要方便大家在使用工器具时的借还，最好能建立在靠近机组设备的厂房内，这样便于使用人的借还，可以节省更多的时间；其次，要考虑工器具房的温湿度的可控性，如果是在地下厂房建立工器具房，可利用常年恒温的特性加装几台除湿机即可控制好温湿度，如果是地面就需要利用空调进行调节，好的温湿度环境是保护工器具最重要的指标；再次，还需要考虑各种走线位置和预留智慧工器具管理系统的线缆，特别是无人值守柜子放置的电源线、信号预留。最后，还应考虑现场移动互联网信息的覆盖情况。在建设前考虑好这些因素，将对智慧工器具管理系统的实施有很大的帮助。

　　抽水蓄能电站工器具房主要分为常用工器具房、专用工器具房以及运行工器具房3类。

一、常规工器具房

　　抽水蓄能电站为地下厂房布置，主要设备集中在地下厂房，为方便现场检修工作，考虑到抽水蓄能电站地下厂房空间布局特点，常规工器具房一般都布置在地下厂房安装场附近。

电站发电机层平面图如图 3-1 所示。

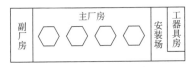

图 3-1   电站发电机层平面图

工器具柜的设计制作将影响工器具的保管和借用，因此需要根据工器具的种类、使用频次，设计出各种规格和形状的工器具柜，这样有利于工器具的盘点和查找，也是智慧工器具管理定位管理的关键所在。在设计制作工具柜时，要考虑整体效果，规格形式不能太多，只要能满足现场工器具存放即可。工器具柜如图 3-2 ~ 图 3-4 所示。

图3-2   工器具柜

图3-3   厂房工器具房

图3-4   厂房工器具柜

二、专用工器具房

专用工器具房主要用于存储检修过程中用到的特殊工器具，一般这类工器具都比较大，搬运不方便，如底环螺栓拆装套件、起重设备等。因此，根据使用场合以及现场空间，主厂房四层都可设置专用工器具房。

三、运行工器具房

运行工器具房主要用于存放运行人员倒闸操作、机组停复役操作所用到的工器具，主要包括安全工器具及锁具、钥匙等。

运行工器具的管理将直接威胁到现场安全，如接地线、防误闭锁钥匙管理不当将可能造成带接地开关、接地线等恶性误操作发生。因此，重要的运行工器具如接地线、防误钥匙的管理要遵循有关规定。

在工具柜制作上要求每个柜子内对应相应的工具，可以通过射频识别（Radio Frequency Identification，RFID）标签实现一格一物配置。运行人员通过刷卡打开柜门，取走时能够在显示屏上显示取走时间、借用人等相关信息，随时方便运行人员查看。运行工具柜如图3-5所示。

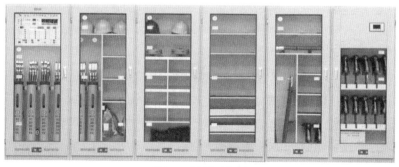

图3-5　运行工具柜

四、无人值守工具柜

无人值守工具柜分布在厂房内部进行多点布置，方便运维人员就地借还。无人值守工具柜用于存放一些螺丝刀、扳手、内六角扳手、万用表等日常运维中经常会使用到的工器具。无人值守工具柜尽量采用标准的单个柜子组装的模式，可以根据各电站的需要随意组合，柜子在制作时就安装好远程锁，预留信号线和 RFID 天线的安装位置。

无人值守工具柜原理同运行工具柜类似，只是存放的工器具种类不同。无人值守工具柜如图 3-6 所示。

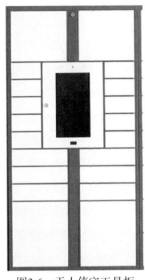

图3-6   无人值守工具柜

第二节   智慧工器具管理系统主要技术

智慧工器具管理系统主要由硬件和软件两部分组成，硬件有计算机、RFID 读写设备、手持 PAD 等。软件有管理系统电脑版、管理系统手机 APP、管理系统 PAD 版。

工器具智慧管理系统主要技术由 RFID 电子超高频芯片、

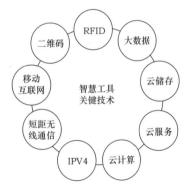

图 3-7   工器具智慧管理系统主要技术

二维码、移动互联网、短距无线通信、互联网 IPV4、云技术、大数据等关键技术组成。

一、RFID 标签在工器具管理系统中的应用

RFID 标签又称无线射频识别，是一种通信技术，可通过无线电信号识别特定目标并读写相关数据，而无需识别系统与特定目标之间建立机械或光学接触。射频一般是微波，为 1~100GHz，适用于短距离识别通信。RFID 读写器也分移动式和固定式两种，目前 RFID 技术应用很广，如图书馆、门禁系统、食品安全溯源等。RFID 电子超高频电子芯片在工器具管理系统中的应用是最关键的技术之一。根据材料、场合、位置、保护等综合因素合理选择不同的 RFID 超高频电子芯片是成功的保障和基础。

RFID 标签主要特点如下：

（1）快速扫描，可以群扫群读。RFID 辨识器可同时辨识读取多个 RFID 标签并进行读取。

（2）体积小型化、形状多样化。RFID 在读取上并不受尺寸大小与形状限制，不需为了读取精确度而配合纸张的固定尺寸和印刷品质。此外，RFID 标签更可往小型化和多样形态发展，以应用于不同产品。

（3）抗污染能力和耐久性。传统条形码的载体是纸张，因此容易受到污染，但 RFID 对水、油和化学药品等物质具有很强抵抗性。此外，由于条形码是附于塑料袋或外包装纸箱上，所以特别容易受到折损；RFID 卷标是将数据存在芯片中，因此可以免受污损。

（4）可重复使用。现今的条形码印刷上去之后就无法更改，RFID 标签则可以重复地新增、修改、删除 RFID 卷标内储存的数

据，方便信息的更新。

（5）穿透性和无屏障阅读。在被覆盖的情况下，RFID能够穿透纸张、木材和塑料等非金属或非透明的材质，并能够进行穿透性通信。而条形码扫描机必须在近距离而且没有物体阻挡的情况下，才可以辨读条形码。

（6）数据的记忆容量大。一维条形码的容量是50B，二维条形码最大的容量可储存2~3000字符，RFID最大的容量则有数兆字节。随着记忆载体的发展，数据容量也有不断扩大的趋势。未来物品所需携带的资料量会越来越大，对标签所能扩充容量的需求也相应增加。

（7）安全性。由于RFID承载的是电子式信息，其数据内容可经由密码保护，使其内容不易被伪造及变造。

RFID因其所具备的远距离读取、高储存量等特性而备受瞩目。它不仅可以帮助一个企业大幅提高货物、信息管理的效率，还可以让销售企业和制造企业互联，从而更加准确地接收反馈信息，控制需求信息，优化整个供应链。几种RFID电子标签安装方式如图3-8所示。

图3-8   几种RFID电子标签安装方式

二、云技术在工器具管理系统中的应用

云技术在工器具管理系统担当了远程数据服务的作用，包括云计算服务、云储存服务、云数据分拆等形成了一个完整的物联网系统。选择使用云服务大大降低了使用维护成本，可以根据数据的大小、反应速度等来自由搭配选择。在选择服务商时一定要考虑大品牌的服务商，这样数据就会更安全更稳定，同时还要做好备份工作。

云计算是分布式处理、并行处理和网格计算的发展，是透过网络将庞大的计算处理程序自动分拆成无数个较小的子程序，再交由多部服务器所组成的庞大系统经计算分析之后将处理结果回传给用户。通过云计算技术，网络服务提供者可以在数秒之内，处理数以千万计甚至亿计的信息，达到与"超级计算机"同样强大的网络服务。

云存储的概念与云计算类似，它是指通过集群应用、网格技术或分布式文件系统等功能，网络中大量各种不同类型的存储设备通过应用软件集合起来协同工作，共同对外提供数据存储和业务访问功能的一个系统，保证数据的安全性，并节约存储空间。简单来说，云存储就是将储存资源放到云上供人存取的一种新兴方案。使用者可以在任何时间、任何地方，透过任何可连网的装置连接到云上方便地存取数据。

云服务如图 3-9 所示。

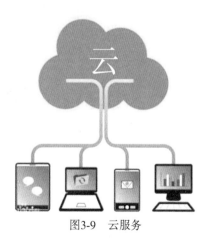

图3-9　云服务

三、二维码在工器具管理系统中的应用

在工器具管理系统中应用了 RFID 技术，觉得再在工器具管理系统中使用二维码技术有点多此一举了，因为 RFID 技术的使用是需要借助专用设备的，所以很多工作在使用现场无法使用，而且工器具管理系统很多应用都是在手机终端完成的，目前手机只有极少一部分是能读取 RFID 芯片功能的机型，而市场上几乎所有的机型都能读取二维码，因此二维码在工器具管理系统中也成为必不可缺的技术。

二维码的主要特点如下：

（1）高密度编码，信息容量大。可容纳多达 1850 个大写字母、2710 个数字、1108 个字节或 500 多个汉字，比普通条码信息容量约高几十倍。

（2）编码范围广。二维码可以把图片、声音、文字、签字、指纹等可以数字化的信息进行编码，用条码表示出来；可以表示多种语言文字；可表示图像数据。

（3）容错能力强，具有纠错功能。这使得二维条码因穿孔、污损等引起局部损坏时，照样可以正确得到识读，损毁面积达 30% 仍可恢复信息。

（4）译码可靠性高。它比普通条码译码错误率百万分之二要低得多，误码率不超过千万分之一。

（5）可引入加密措施。保密性、防伪性好。

（6）成本低，易制作，持久耐用。

（7）二维条码可以使用激光或 CCD 阅读器识读。二维码如图3-10 所示。

图 3-10　二维码

四、移动互联网技术的应用

移动互联网就是将移动通信和互联网两者结合起来，成为一体，是互联网的技术、平台、商业模式和应用与移动通信技术结合并实践的活动的总称。移动互联网速度的加快以及移动终端设备的凸显已为移动互联网的发展注入巨大的能量。

移动互联网技术在工器具管理系统中为主要的信息交互的技术之一，手机、手持机、PAD、无人值守工具库房等通信，信息交互都是应用了移动互联网技术。移动互联网技术在本系统中的应用，真正让信息沟通无距离，远程交互式应用实现了这些设备的现场和远程的使用。手机 APP 配合使用可以实现所有智慧工器具管理系统的功能。主要有借还、各种信息的查看。比如：使用说明、检测报告、远程预约、查看借还记录、查找工器具、推送信息等，PAD 和远程无人库房的自动登记借还也是应用移动互联网技术，如图 3–11 所示。

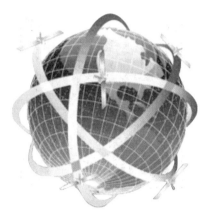

图3-11 互联网

五、短距离无线通信与 IPV4 的应用

通过在移动互联网中实施 IPV4，网络运营商可以更加灵活地应对市场需求。除了为互联网带来更多的地址资源以外，IPV4 还为网络带来很多重要功能，其中之一就是服务质量的提升。由于 3GPP 已经将 IPV4 定为所有 IP 蜂窝式网络所必备的功能，它将成为 3G 的重要组成部分。IPV4 及其结构能够在全球骨干网一级满足更大规模的网络结构需求，并且提高了安全性和数据完整性，支持自动配置、移动计算、数据组播和更有效的网络路由聚类。

短距离无线通信与 IPV4 的应用使本系统更加完善，手持机和 PAD 利用该技术使得日常借还、盘点的工作更为方便。

第三节 智慧工器具管理系统硬件配置

系统的硬件配置主要有服务器、读写器及天线、手持机、PAD

等组成。

一、计算机的要求

工器具管理系统对计算机无特殊要求，能够满足一般办公要求的计算机即可，能够运行智慧工器具管理系统软件，支持 Windows 所有版本，运行内存 4G 以上，硬盘 120G 以上。

二、读写器与天线的要求

读写器与天线是智慧工器具管理系统的一个重要硬件之一，它是在 RFID 芯片上读取及写入信息的设备，以及用于无人值守工具柜上的天线和主机信息交换，重点要求是设备读写信号传输稳定，功率大小调整方便，与计算机对接方便。现在市场有很多相关的设备，产品质量参差不齐，有些产品无法与计算机对接，或设备很不稳定影响软件的正常使用。经测试使用多款设备后，美国产的英频杰的相关设备比较稳定，而且功率调整和与计算机对接多比较理想，但设备比较贵，可以搭配别的品牌设备一起使用，可以降低设备的费用。

三、手持机和 PAD 的要求

手持机和 PAD 的选择，手持机和 PAD 要有能够读取 RFID 超高频芯片和二维码、条形码的功能，PAD 选用工业 PAD 加装模块形式。PAD 和手持机相差质量比较大，一定要选择大厂生产的产品。工业 PAD 要选择自带 4G 功能的设备，能够支持移动、联通、电信的卡，也可根据自己现场信号的不同选择适合的网络卡。手持机如图 3-12 所示，PAD 如图 3-13 所示。

图3-12　手持机　　　　　　　图3-13　PAD

四、远程无人值守工具柜的控制设备及网络

读写器与天线是主要的设备。选取读取速度快、性能稳定的大品牌设备是首选，计算机选择触摸屏的一体工业机，把所有的布线和读卡器定制安装在一起，一台计算机主机放在控制器内，这台主机一般配置即可，要双硬盘 1024GB 以上有利于数据备份。网络可采用有线连接或者可通过现场 4G 信号实行。

五、RFID 芯片

RFID 芯片是每件工器具的必备，也是整套管理系统的基础，因此 RFID 芯片的选择是很关键的，主要从以下几方面去考虑选择。

1. 抗金属芯片

根据使用部位的材质选择，主要是金属与非金属的区别。

2. 柔性芯片

根据工器具的形状、大小、位置不同选择不同大小的芯片，考虑是否选择柔性的芯片。

3. 陶瓷芯片

太小工器具或有特殊要求的工器具，可考虑使用陶瓷芯片，它尺寸很小，具有抗金属性等特点，可满足小的金属类工器具上使用，而且传输距离远、读写效果好，但陶瓷芯片比较容易被砸碎。

4. 安装要求

芯片在不同的工器具上的安装，一定不能妨碍工器具的正常使用，不得遮挡工具原带的铭牌。选择合理的防护胶和棉对芯片进行固定保护，或者利用热缩套管进行保护处理。

选择好 RFID 芯片后就要把它制作成一贴标签，在制作标签之前先要根据各厂自己工器具的特点、大小、形状等，进行大体的分类，确定几种不同规格的标签，原则是标签的规格尺寸越少越好，有利于标签的制作和粘贴，因为规格尺寸太杂需配备的标签和芯片也就多，这样就给制作和粘贴带来很多的麻烦。

对芯片的保护也是非常关键的，因为工具的使用场合、工况不同，很容易对粘贴的标签和芯片造成损坏，所以需要对粘贴的标签和芯片进行保护，芯片和工具之间可以用黏性好的双面泡棉胶，面外保护用加厚透明热缩套进行保护。这样制作和保护标签能够最大程度地防止标签破损。

六、标签机

需要配置一台能打印各种标签的打印机，因为 RFID 芯片是需要专用设备进行读取的，通过制作二维码标签，工作人员只需要利用手机扫描就可以读取该工器具的设备主要信息。

二维码和标签的制作、打印选择简单而方便的标签打印机即可，再开发一个小小的打印和二维码生成程序就能基本满足了标签的打印工作了。二维码生成标签打印小软件如图 3-14 所示。

图 3-14　二维码生成标签打印小软件

第四节　智慧工器具管理系统软件

一、管理端

通过管理端可以查看各工作人员工器具借用记录、具体工器具的使用频次、目前工器具房内剩余工器具数量、工器具到期校验提醒等相关信息，方便管理者对工器具进行高效的管理。管理端截图如图 3-15 所示。

二、客户端

客户端主要采用手机安装 APP，通过该 APP 可以查看目前自己所借用的工器具种类及数量以及所要借用的工器具是否有库存，同时还可以扫描工器具上的二维码查看工器具的使用方法（如液压扳手压力扭矩对应表等）。客户端手机 APP 界面如图 3-16 所示。

图 3-15　管理端截图

图 3-16　客户端手机 APP 界面

客户端还有工器具预约功能，工作人员可根据实际需要，提前通过客户端实现工器具借用预约，管理员在看到预约信息后，对相关工器具办理出库手续，工作人员到现场后可以直接取走。

第五节　智慧工器具管理系统主要功能

一、工器具共享

一个电站的所有工器具不可能全部集中保管和管理的，有特殊专用的工器具需要单独保管和管理，比如运行安全工器具、起重工器具、具有特殊需求的工器具等，同时为方便现场检修需要，还在现场根据需要配备了工器具等。

智慧工器具管理系统很简单地解决了工器具共享问题，该系统把电站所有工器具进行了集中管理，无论工器具在哪个库房、哪个位置、哪个人手中，它们的信息都被纳入在同一个平台进行。所有的工器具的信息都可以被任何受权的人通过多种模式进行查询，比如受权人可以在远程自助查询工器具的所有情况，各厂是否有该工器具，在哪个仓库什么位置，可以具体到个人，如果被借用可以自动拨打借用人的电话。

通过该功能，真正实现了全厂工器具的共享，方便使用人员快速找到工器具。

二、工器具使用说明在线查看

对于一些不常用到的工器具或是使用不当将造成不良后果的工器具，通过将这类工器具使用说明及相关注意事项提前导入 APP，任何使用人能够在现场很方便地获取该工器具的使用说明以及需要注意的安全注意事项。

三、工器具配置数量参考

通过智慧工器具管理系统的应用，能够快速统计出工器具的使用频率高低，在结合当前库存数量，合理配置工器具数量，避免浪费。通过事先设定好的库存预警，在相关工器具数量达到预警值以下后，会自动提醒管理人员进行购置。同时，能够集中统计出哪些工器具到期需校验、哪些工器具损坏需修理、哪些工器具报废需添置等信息，能够时刻保障现场工器具能用、可用、够用。

四、工器具日常借还

基本的工器具日常借还工作，可以实现工器具快借快还、计算机自动登记，任何人只要将工器具放置在指定区域范围内，就可以批量扫描，再刷卡登记，就完成了借还工作。无人值守工具柜可以实现自助式借还，可以在事故抢修时方便人员快速借走工器具。

智慧工器具管理系统还具有远程自助功能、远程预约功能、远程借还（转借）功能、远程打开柜门功能等。

同时，还可在收集 APP 上查询自己借用的工器具情况，以免造成借用时间长而遗忘。

查询功能、查询结果、借用情况如图 3-17 所示。

五、智慧工器具管理系统应用案例

（一）工器具借还案例

1. 工器具借用

工作人员可在手机 APP 上查找需要借用的工器具，查看库存

图 3-17　查询功能、查询结果、借用情况截图

数量及存放位置，到工具房后可以快速找到相关工具，刷卡后，将
工具放在 RFID 识别器上进行统一识别登记，就完成了工器具的借
用及登记工作。

2. 工器具预约

对于抢修工作，抢修人员可根据故障情况，对可能涉及的工器
具提前进行预约，管理人员将根据预约信息准备好工器具，抢修人
员到达现场后直接取走工器具即可，减少了故障处理时间。

同时，在正常检修工作中，若需使用到一些特殊工器具，而检
修师傅暂时无法离开现场时，也可对工器具进行预约后，指定跟班
徒弟去工具房区即可。远程预约截图如图 3-18 所示。

3. 检修所用工器具记录

工器具管理系统还可根据具体检修项目记录下所用到的工器

具，在下一次检修时，可根据记录直接借取相关工具即可。

（二）工器具盘点案例

智慧工器具管理可以利用手持 PAD 对工器具进行盘点工作，首先用手持 PAD 读取柜子上的芯片，然后读取柜子内的工器具信息，最后软件通过自动比对删选生成报表，人工现场查看确认无误后上传盘点记录，所有盘点完成后在计算机终端的盘点里可以查看到本次的盘点结果。这种方式的盘点可以在现场及时发现盘点的问题并马上处理解决，大大地提高了盘点的准确率，不会出现盘点结束后发现有错又得重新盘点的可能。盘点画面如图 3-19 所示。

图 3-18　远程预约截图

图 3-19　盘点画面

（三）工器具丢失寻找案例

1. 通过定位查找

工器具的远程定位管理是可方便遗失工器具的找寻工作，现根据驱动方式超高频芯片分为有源和无源两种，有源的芯片可以在大型的工器具上安装使用，可实现 GPS 定位查找，但受限比较多，在室内或地下厂房没有 GPS 信号的地方都不能用，主要用于户外工作涉及的工器具。

2. 通过手持机查找

无源的芯片虽然可以通过加大芯片的尺寸来增加读取的距离，利用手持机，在小范围内进行查找。如风洞内部等相对密闭空间内丢失工器具后，可以采用手持机快速找到相关工器具，避免工器具遗落，造成严重后果。

（四）工器具到期校验案例

在一些需要定期进行校验的工器具入库时，会在其信息中添加工器具校验信息，在校验到期前会提醒管理人员工器具校验日期即将过期，应当安排进行校验。

第四章
工器具管理系统的发展方向

第一节　无人工具房

目前大多数抽水蓄能电站都没有设置专门的工器具管理人员，因此工具房无人化是未来一个重要的趋势。无人工具房是在上述工器具管理系统应用的基础上，结合智能化管理手段的应用而开发。

无人工具房主要采用智能识别技术，完成工器具的自动登记，工作人员需要借用工器具时候，可先在手机上查看相关工器具库存及存放位置，然后通过刷卡进入工具房，挑选完所需工器具后将其

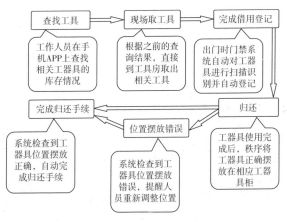

图 4-1　无人工具房借还流程

带出工具房经过感应门禁后，系统将自动将所带走的工器具记录在借用人账上。在归还时采用同样的管理，只是在归还摆放时增加盘柜内部对工器具的识别，若未正确摆放位置，则无法完成归还手续。无人工具房借还流程如图 4-1 所示。

第二节　智能化借还

随着科技的进步，智能化水平进一步提高，在无人工具房的基础上，对现有工具房硬件设施进行改造，主要是将储藏柜划分更加细化，做到一物一格，同时结合机器人的使用，完成工具房智能化工具房改造。

智能化借还类似与目前有些医院所应用的智能取药原理，工作人员利用远程预约功能，系统在对预约工具进行确认后，工具房机器人根据预约情况自动准备好相应的工器具，工作人员到场后就可直接取走预约工器具。同时，系统还会时刻对到期工器具信息进行统计，整理出来方便校验人员进行校验。网格化工具柜如图 4-2 所示，取货机器人如图 4-3 所示。

图 4-2　网格化工具柜

图 4-3　取货机器人

第三节　库存智能化

目前的采购方式主要有工器具管理员，根据工器具管理系统分析的相关数据，如使用频率、库存数量等，并结合现场实际检修情况进行补充。

随着工器具管理系统应用时间的增长，系统统计出来的相关数据将更加准确，通过云计算分析出最佳配置数量清单，并同当前库存数量进行比较，当发现库存数量到达警戒值时候，就可通过网络超市完成自行购买（如图4-4所示）。

图 4-4　数据分析—库存警戒—网络超市购买

附录 A

防坠器使用方法与注意事项

（1）使用防坠器必须高挂低用，使用时应悬挂在使用者的上方坚固钝边的结构物上。

（2）使用防坠器前应对安全绳进行外观检查，并进行试锁 2~3 次（试锁方法：将安全绳以正常速度拉出，应发出"嗒、嗒"声；用力猛拉安全绳应能锁止。30m 以上产品，可用 40kg 以上重物试锁。松手时安全绳应能自动回收到器内，如安全绳未能完全回收，只需稍拉出一些安全绳即可）。如试锁有异常不得使用，立即退回保管员处并说明情况。

（3）使用防坠器进行倾斜作业时，原则上倾斜度不超过 30°，如必须在 30° 以上范围作业，必须考虑是否会撞击到周围的物体上。

（4）防坠器借用后不得私自进行维修和改造，更不得对其进行加注润滑剂。这样会造成很大安全隐患。

（5）使用防坠器时严禁安全绳扭结。使用结束后马上归还，由管理员进行检查后存放在干燥的地方。

（6）每年送相关单位检验一次，并出具合格报告，在防坠器表面粘贴合格证才可以正常使用。

（7）对不合格和到报废期限的防坠器，要及时进行报废处理，不得流入正常使用。

附录 B

电焊机使用管理、责任制

为了有效防止因电焊引发的各类事故，确保自身和设备的安全、特制定以下管理条例予以遵守。

（1）所有电焊机由工具管理员统一管理，工具管理员负责电焊机的日常借用，借用办法遵守工器具借用登记办法。

（2）工具间对所有电焊机进行编号、登记造册，并担任电焊机的日常维护、检查和试验，其中试验由班组配合来完成。

（3）管理员在发现电焊机有不符安全规定时不得外借，在对其进行维修和试验合格后方可续借。每次归还时由管理员对其进行检查，如借用的电焊机在使用期间损坏，使用人不得隐瞒工具管理员，必须对管理员说明具体情况，由管理员集中统一进行修理或报废。

（4）工具间对所有电焊机的检查和试验都必须有记录，并应有相关审查人的签名。

（5）电焊机和氩弧焊机的使用必须严格按《电业安全工作规程　热力和机械部分》执行。

（6）电焊机和氩弧焊机必须由专业电焊工使用，电焊设备借用后由借用人按有关电焊安全和消防安全等规定来使用。

附录 C

移动式电动工具安全使用规定

使用电动工具时，为了减少火灾、触电及受伤等意外事故，必须注意以下所列举的基本安全事项：

（1）保持工作场所清洁。工作场所必须保持干净、整齐。在杂乱、昏暗的工作场所和工作台面上使用电动工具，最易发生意外。

（2）重视工作场所的环境。不可在暗湿地方使用电动工具，电动工具不可淋雨，不可在有可燃液或可燃气存在之处使用工具。

（3）应该禁止闲人进入工作场所，更不可让闲人触摸工具或电源边接导线。

（4）在使用电动工器具时必须先了解本机器的适合电压。使用的插座必须能够配合机器的插头，不得擅自更改插头，转接接插头不可以与接了地线的机器一起使用。

（5）收藏工具。电动工具不用时，应及时归还工具管理处统一保管。

（6）不可勉强使用工具。必须在适当的转速下使用工具才可获得良好的效果并且比较安全。

（7）用对刀具。不可用小型刀具或装置去加工本应使用大型刀具的工件。不可使用用途不对的刀具。

（8）注意着装。以宽松拂袖的服装使用电动工具是最危险的。原因是可能被高速旋转的刀具缠住而发生意外。在户外工作时宜带橡胶手套和穿没有破洞的鞋子，留长发的人必须带帽子。

（9）使用安全眼镜和绝缘手套。使用电动工具有切屑产生时必须要佩戴安全防护眼镜和使用绝缘手套，有粉尘时须戴口罩。使用一些会产生噪声的工器具必须佩戴护耳罩。

（10）不要踩踏导线。不可拖着导线移动工具，导线还须远离高温、油垢、锋利的边缘或转动中的机件。不可以使用电线提携机器、悬挂机器或拉导线拔出插头。

（11）固定工件。使用夹钳固定有切削的工件，不可用手握工件来加工。

（12）注意保养工具。刀具必须时时保持锐利状态，不可在刀具纯化和损坏后继续使用。使用电动工具时先检查导线有无破损处，如发现破损处需专人处理后方可使用。

（13）工具在更换夹具、刀具时一定要拨开电源插头。不要用手触摸旋转部件。不要脱手正在旋转的工具。刚刚停止操作后，不可立刻触摸钻头或工具，其可能非常热，会烫伤皮肤。

（14）取下调整用工具及扳手等。在打开开关转动机械之前，须检查刀具部分的调整工具及固定用扳手等有无完全取出，必须养成这种习惯。

（15）防止意外启动。将插头插入插座之前，须检查工具的开关是否处在关闭状态。

（16）接电延长导线。在用延长电源导线时，一定要采用专用的延长导线，不可用其他线替代。

（17）工作时须保持清醒。专心一致注意工件与工具进行工作，疲劳时不应使用电动工具。

（18）检查损坏的部分。在使用之前，须仔细检查工具的护盖或其他部分是否有损坏，须详细检查其损坏程度是否将影响工具的正常的机能。检查所有可移动的部分是否处在正确位置，必须固定的部分是否固定紧等，检查这些可能影响正常操作的部件。不可勉强使用和打开电动工具。

（19）检查声音和气味。在使用电动工具之前须让工具空转一下，听一下有没有异常的声音和有无刺鼻的气味。

（20）避免触电。工作时，身体不可接触到接地金属体，例如铁管、散热器等。当在可能埋有电线的墙壁、地板或任何地方钻孔时，不要触到本工具上的任何金属部件。

（21）不可擅自拆卸电动工具。如发现工具意外情况时，须与工具管理员交待具体情况，由工具管理员负责维修。

（22）在使用电动工具之前，必须全面了解该工具的使用方法和注意事项。

（23）注意电源电压。在使用一件工具时，一定要注意其电源电压是否与工具标示牌上所标的电压相同。电源电压高于工具的适用电压时，将使使用人发生严重事故，同时也将损毁工具本身。因此，在未能确定电源的电压时，绝对不可随便插上插头。相反的，如电源电压低于工具所需电压时，则会损耗工具的电动机。

附录 D

液压扳手安全注意事项

（1）使用本液压扳手前仔细阅读所有的技术文件，并应该接受过专门的使用培训。

（2）尽量在干净、明亮的环境下工作。如果工作场地的大气环境有任何潜在的爆炸可能，则不可使用电动泵；如有金属撞击产生火花，应采取预防措施。

（3）合理、正确地使用反作用力臂，液压扳手需要正确的反作用力，调整反作用力臂或反作用面，如还无法正常工作，需向管理员反映由工具间向厂家请求技术支持。

（4）避免扳手的误操作，泵的操作遥控板只是为扳手操作者使用，避免使操作者和泵分隔太远。

（5）必须保证有足够的操作空间，扳手在使用中大部分是不用手扶的，如果在必须用手扶或固定扳手的情况下，应想其他办法来达到目的。

（6）避免触电事故发生，使用时要确保电动泵电源的接地良好，并且使用适合液压扳手的电压。

（7）扳手在不用的情况下应及时归还到工具间，由工具管理员妥善保存，避免损坏。

（8）使用适合的扳手，不能用小扳手或附件来代替大扳手的工作，不能用不适合的扳手进行工作。

（9）在使用工具时应有合适的劳动保护，当使用手动、电动液压设备时，应穿安全鞋，佩戴手套、安全帽、护耳、防护眼镜，以及其他劳防服饰。

（10）不得弯、折高压油管，使用时应经常检查油管，如有损坏应立即通知工具间进行更换。连接油管时不得借用工具只须用手将螺纹件锁紧，确认不泄漏即可。如发现有漏油的地方，不得试图去堵塞漏油处。

（11）不得随意拆装防尘罩及侧盖板，不得在没有防护罩和侧盖板的情况下使用该设备。

（12）在操作工具前应检查扳手、电动泵、油管、连接件、电线、附件，防止一些常见的损坏发生。应按照正确的使用方法对其进行操作。在确保所有的液压连接件都确实连接好。检查油管有无缠绕，确定夹头驱动轴及其保持帽安全、可靠的工作后方可进行操作。工具的维护保养应由工具管理员或专业人员来完成。

（13）在使用工具前应先观察其功能是否良好。寻找一个固定面，选择好作用点，确信反作用力臂安装可靠，确保液压油管没有被压住。系统加压后，如果扳手跳动或颤抖，停机后再次调整反作用力臂，使其更牢靠、安全。

（14）在使用工具时应时刻保持警惕，不能在不稳定的状态下使用，不得在移动设备上使用该工具。

（15）操作工具时应保证反作用力臂的清洁，力臂与作用面之间不能有异物。

（16）必须使用专用的优质套筒，使用时必须保证套筒与螺母有良好的配合。操作中必须保持套筒干净，操作前先检查套筒有无隐藏的裂纹。

（17）在使用中无法转动螺母，不得用锤子敲打套筒，或者用工具增加作用力。可以换大一号的扳手再进行操作。

参考文献

［1］　李越冰.图说电力安全工器具使用与管理.北京：中国电力出版社，2016.

［2］　郑下农.常用80种计量器具使用保养方法.北京：国防工业出版社，2011.